VORTRÄGE UND AUFSÄTZE ÜBER
ENTWICKLUNGSMECHANIK DER ORGANISMEN
HERAUSGEGEBEN VON **WILHELM ROUX**

HEFT XXI

DAS KONTINUITÄTSPRINZIP
UND SEINE BEDEUTUNG IN DER BIOLOGIE

VON

JAN DEMBOWSKI

Springer-Verlag Berlin Heidelberg GmbH
1919

ISBN 978-3-662-42063-8   ISBN 978-3-662-42330-1 (eBook)
DOI 10.1007/978-3-662-42330-1

Vorwort.

Die vorliegende Schrift enthält nichts Neues und für gar nichts darin Enthaltenes will ich mir die Priorität vindizieren. Wenn man die Werke von Spencer, Darwin, Naegeli, Weismann, de Vries, Roux, Driesch, O. Hertwig, Delage, Herbst, Morgan, Semon, H. Przibram, Klebs, Godlewski, Eug. Schultz, Gurwitsch, Ružička, Schaxel u. a., um nur bei den Meistern unserer Wissenschaft zu bleiben, nachschlägt, wird man darin alle meine Ausführungen über Deszendenztheorie, Vererbung, Ontogenese, Regeneration und Vitalismus finden, **allerdings** in einer weit vollkommeneren Form. Jedoch welch eine merkwürdige Namenzusammenstellung: Darwin und Morgan, Weismann und Driesch, und O. Hertwig neben Roux! Aber wenn ich zur Stütze meiner Schlüsse die Forscher zitiere, deren Ansichten sich nach der üblichen Auffassung widersprechen, so wird vielleicht eben dadurch das Erscheinen meiner Schrift einigermaßen gerechtfertigt. Nicht das Kontinuitätsprinzip ist neu, und nicht neu ist dessen Anwendung an jedes noch so unbedeutende Gebiet der Biologie; neu ist vielmehr der Versuch, alle diese zersplitterten Anwendungen in einem einheitlichen Gesichtspunkt zu vereinigen, der Versuch, die Kontinuität des Geschehens konsequent in den wichtigsten biologischen Gebieten durchzuführen.

Das Kontinuitätsprinzip ist weder eine Erklärung der Erscheinungen, noch eine Arbeitshypothese. Vielmehr bildet dasselbe den Ausdruck der Tatsachen selbst, wie sie in unserer Erfahrung vorliegen, und seine Aufgabe besteht darin, durch natürliche Fragestellung, der positiven Wissenschaft ein brauchbares Material zuzuführen. Ich habe viele gewagte Behauptungen aufgestellt, von welchen sich vielleicht manche als verfehlt erweisen werden. Der Grundgedanke aber, daß sich alle biologischen Erscheinungen auf die Eigenschaften der lebendigen Substanz, als Träger bestimmter Fähigkeiten, zurückführen lassen und daß die Aufgabe der positive Wissenschaft in der Erforschung des Zusammenhanges zwischen Entwicklungsbedingungen und Entwicklungsresultaten liegt, dieser Gedanke wird, so will ich hoffen, einige Anerkennung finden.

Ich benutze die Gelegenheit, um Herrn Prof. Hans Przibram, dessen Anstalt auf die Ausbildung meiner Ansichten vielfach einen entscheidenden Einfluß ausgeübt hatte, auch an dieser Stelle meinen Dank auszusprechen.

Schließlich bitte ich die deutschen Leser für meine mangelhafte Kenntnis der Sprache um freundliche Nachsicht [1]).

Wien, März 1918.

J. Dembowski.

---

[1]) Herr W. Roux hat die Liebenswürdigkeit gehabt einige Berichtigungen, die seine eigenen Arbeiten betreffen, persönlich einzufügen, wofür ich ihm meinen Dank ausspreche. Diese Zusätze sind in eckige Klammern [ ] genommen.

Inhaltsübersicht.

Das Kontinuitätsprinzip
und seine Bedeutung in der Biologie.

> Die Tragweite des Prinzips läßt sich erst erkennen, wenn seine Durchführung wirklich versucht wird.   Weismann.

Einleitung.

In unserem Wissen über eine jede Naturerscheinung können zwei verschiedene Seiten unterschieden werden. Es sind dies einerseits die Erscheinung selbst, wie wir dieselbe mit unseren Sinnen wahrnehmen und andererseits unsere Beziehung zu der Erscheinung, unser Benehmen ihr gegenüber. Mag man von Subjekt und Objekt, von „ich" und äußerer Welt, oder von Substanz und Geist sprechen, der Name ist völlig irrelevant, die Idee des Dualismus ist in unserem Geiste vorhanden und sie bleibt von jeder möglichen Erkenntnistheorie unabhängig.

Auf dem Gebiete der positiven Wissenschaft entspricht die subjektive Seite des Wissens unseren Untersuchungsmethoden. Ich beobachte eine Erscheinung: sofort entsteht bei mir das Bedürfnis, das gegebene Phänomen zu begreifen, zu erklären, dasselbe mit anderen mir bekannten Erscheinungen in Verbindung zu bringen. Und dieser gesamte Denkprozeß ist meiner Wahrnehmung, bzw. der Erscheinung, als solcher, vollkommen fremd.

Die Grundmethode der Naturwissenschaften ist diejenige des Vergleiches. Denn um etwas zu erklären, müssen wir die Erscheinung auf das bereits Bekannte zurückführen, müssen wir also in zwei Erscheinungen gemeinsame Züge, welche sich miteinander vergleichen lassen, herausfinden. Wir können jedoch die Objekte unserer Beobachtung nicht ohne weiteres identifizieren, weil jedes Naturphänomen seine ausgesprochene Eigenart, welche dasselbe von den anderen Phänomenen unterscheidet, besitzt. Und hier kommt uns die Analyse, welche das Geschehen in einzelne Teile zergliedert, zur Hilfe, indem sie uns die Möglichkeit gibt, den Vergleich zwischen einzelnen Elementen vorzunehmen. Dieses Verfahren stellt einen so charakteristischen Zug unseres Denkvermögens dar, daß eine auf die „ganze" Erscheinung gerichtete Untersuchungsmethode schier unvorstellbar wäre. Wir können einfach nicht denken, ohne den Gegenstand unserer Gedanken in Teile zu zerlegen. Physik und Chemie zerlegen die Körper in Moleküle und Atomen, Biologie sucht die Vererbungserscheinungen mit Hilfe der Erbeinheiten verständlich zu machen, Grammatik sieht in der Rede des Euphrates Silben und Wörter und alle diese Einheiten sind den Erscheinungen gar nicht immanent: sie gehören der Methode, sie werden in die Natur hineininterpretiert.

Hiermit kommen wir aber zu einem wichtigen Schluß. Die Erscheinung ist immer einfach und immer kontinuierlich, weil die Diskontinuierlichkeit nur zur Untersuchungsmethode gehört.

Wenn nun der uralte und an sich wohl selbstverständliche Satz: natura non facit saltus, immer wieder und namentlich seitens der Biologen angegriffen wird, so hängt das, meiner Meinung nach, mit dem Verkennen der lediglich provisorischen Bedeutung aller derjenigen Elemente, in welche wir die Erscheinungen zerlegen, zusammen. Wie mit zunehmender Vergrößerung des Mikroskopes das Gesichtsfeld verringert wird, so verringert sich unser geistiges Gesichtsfeld mit zunehmender Intensität der Analyse, bis wir das Ganze aus dem Auge verlieren und den Mitteln unserer Untersuchung eine ihnen durchaus fremde Realität beimessen. Und das führt uns dazu, daß wir die Diskontinuierlichkeit unserer Arbeitsmethoden unberechtigterweise auf die Erscheinungen selbst übertragen.

Im Nachstehenden will ich versuchen diesen Standpunkt durch **einige** Beispiele zu illustrieren.

Mathematik. Die Grundmethode der höheren Mathematik beruht auf der Vorstellung, daß sämtliche Werte, Körper und Prozesse, kurz jede Naturerscheinung als eine Summe unendlich vieler unendlich kleiner

Größen aufgefaßt werden kann. Die Erscheinung, als Ganzes, wird durch die in der Differentialformel ausgedrückte Gesetzmäßigkeit in der Beziehung unendlich kleiner Größen gegeneinander bedingt. Um von den Differentialen zur Erscheinung selbst zu gelangen, müssen wir die Differentialformel integrieren, d. h. die einzelnen unendlich kleinen Prozesse summieren. Die Integralformel ist jedoch mit der Erscheinung nicht identisch, weil sich die Differentiale nur der wirklichen Gesetzmäßigkeit nähern, ohne dieselbe zu erreichen. Das ganze Verfahren führt demnach dazu, daß wir die Erscheinung durch ihr fiktives Ebenbild ersetzen und die Eigenschaften des letzteren untersuchen. Wenn wir die Gleichung der Parabeltangente aus der Parabelgleichung abzuleiten haben, so veranschaulichen wir uns das Verfahren durch die Vorstellung, die Parabel bestehe aus einer großen Anzahl kleiner gerader Abschnitte, von welchen man annähernd annehmen kann, daß die Richtung eines von denselben im gegebenen Punkte mit der gesuchten Richtung der Tangente zusammenfällt. Die Annäherung wird um so größer, je kleiner und zahlreicher die geraden Abschnitte und bei unendlich kleinen Abschnitten wird eine praktisch genügende Übereinstimmung erreicht. Die Erscheinung an sich, also in unserem Falle die Parabel, ist nicht mit der Summe der Differentiale identisch: sie besitzt vielmehr eine neue den Differentialen fremde Eigenschaft, diejenige der Kontinuierlichkeit. Mathematik besitzt jedoch ein Mittel, um auch eine vollkommene Übereinstimmung zu erzielen. In der erhaltenen Formel der Parabeltangente wird das Differential isoliert und einfach gleich Null gesetzt: die Formel ergibt dann den exakten Wert. Aber fragen wir uns nach der konkreten Bedeutung dieses Verfahrens. Wir haben ja offenbar mit einem Mißgriffe zu tun: wenn wir das Differential gleich Null setzen, so können wir eigentlich die Formel nicht integrieren. Die Summe der Nullen kann nur eine Null und keine Tangente ergeben. Von unserem Standpunkte heißt das, daß man das Differential gleich Null setzen, also ganz aufgeben muß, um zur wirklichen Erscheinung zu gelangen. In diesem Beispiele ist für uns die klare Möglichkeit wichtig zwischen der ungefähren und tatsächlichen Richtung, zwischen gebrochener Linie und Kurve, also zwischen der diskontinuierlichen Untersuchungsmethode und kontinuierlichen Erscheinung unterscheiden zu können.

Chemie. Im Anschluß an die Mutationstheorie wurde von mehreren Biologen die Ansicht geäußert, daß eine diskontinuierliche Variation ebensogut angenommen werden kann, wie die einzelnen Glieder einer homologen chemischen Reihe angenommen werden. Wenn zwischen zwei Alkoholen kein Übergang besteht, so ist auch ein solcher zwischen zwei organischen Varianten nicht unbedingt notwendig. Ohne mich an dieser Stelle gegen die Mutationstheorie wenden zu wollen, erlaube ich mir zu bemerken, daß uns diese Auffassung ein gutes Beispiel einer ungenügenden Unterscheidung zwischen Erscheinung und Untersuchungsmethode bietet. Die Auffassung besteht zu Recht, wenn wir uns die chemischen Körper lediglich in Gestalt von Formeln vorstellen. Zwischen den Formeln besteht allerdings kein Übergang. Die Atomen und Moleküle sind aber den Erscheinungen nicht immanent, sie bringen vielmehr die Diskontinuierlichkeit unserer Untersuchungsmethoden zum Ausdruck. Eine in Formeln ausgedrückte Lösung und eine Lösung im Glase, das sind zwei verschiedene Begriffe, zwei Lösungen mit ganz anderen Eigenschaften. Nehmen wir eine Lösung von Kalilauge und versetzen dieselbe tropfenweise mit Salzsäure. Wenn wir uns auf die Beobachtung des wirklich vorliegenden Phänomens beschränken, so werden wir bemerken, daß die alkalische Reaktion der Lösung allmählich abgeschwächt wird, um schließlich in die sauere überzugehen. Der Vorgang ist vollkommen kontinuierlich und selbst die empfindlichsten Apparate sind unfähig uns den genauen Augenblick anzugeben, in welchem die Lösung neutral geworden ist. In jedem Momente der Reaktion haben wir im Glase nicht eine Mischung antagonistischer Körper, deren Eigenschaften sich entgegenwirken, sondern einen einheitlichen ebenso realen Körper, wie die Ausgangsprodukte selbst. In jedem beliebig herausgegriffenen Augenblick besitzt dieser Körper ganz bestimmte physikalisch-chemische Eigenschaften: er hat eine bestimmte Alkalinität bzw. Acidität, eine bestimmte empirische Formel, einen bestimmten Siedepunkt, bestimmtes spezifisches Gewicht und optische Eigenschaften usw., mit einem Worte, er verhält sich wie ein ganz bestimmter physikalisch und chemisch gut definierbarer Körper. Die Säure und das Alkali sind Endglieder einer kontinuierlichen Erscheinungskette, deren jeder Punkt einen Übergang zwischen beiden darstellt. Die Diskontinuierlichkeit entsteht erst dadurch, daß wir zwei entlegene Zustände der Materie vergleichen, ohne ihre Bindeglieder zu berücksichtigen.

Psychologie. Der auf dem Gebiete der Tierpsychologie so rühmlich bekannte Forscher, Pater Erik Wasmann, vertritt bekanntlich den Standpunkt, daß zwischen der tierischen Psyche und der Psyche des Menschen eine unüberbrückbare Kluft besteht, nachdem die Tiere nur nach sinnlichen Trieben handeln, dem Menschen dagegen das formelle Schlußvermögen eigen ist. Der Mensch besitze demnach eine prinzipiell neue Eigenschaft, welche von der tierischen Psyche nicht abzuleiten sei. Diese Ansicht steht mit dem konsequenten Evolutionismus in krassem Widerspruch und Wasmann sah sich genötigt, wie das vor ihm Lamarck und Wallace getan haben, die Richtigkeit der Evolutionstheorie in bezug auf den Menschen zu bezweifeln. Aber besitzt denn der Mensch wirklich irgendwelche prinzipiell andere psychische Eigenschaften? Die Vertreter der „vulgären Psychologie", wie sie Wasmann nennt, wollen jeder Handlung des Tieres einen Syllogismus zugrunde legen, sie vergessen aber, daß u n s e r e eigenen Handlungen am allerwenigsten auf Syllogismen beruhen. Wasmann hat übrigens selbst zugeben müssen, daß der Mensch in den meisten Fällen abgekürzt denkt und sich eines Enthymems bedient. Der Mensch aber tut noch mehr. Er denkt überhaupt nicht nach logischen Gesetzen und sogar nicht einmal mit Worten. Die einfache Selbstbeobachtung belehrt uns, daß unser Bewußtseinsstrom, wie ihn James nannte, eine merkwürdige Mischung von Wörtern, optischen, akustischen, taktischen, thermischen usw. Empfindungen und Vorstellungen darstellt und daß er, rein objektiv betrachtet, als eine den anderen vollkommen ebenbürtige Naturerscheinung, als ein einheitlicher und kontinuierlicher Vorgang aufgefaßt werden muß. Jeder Begriff, jedes mir geläufige Wort ist mit einer Fülle verschiedenster Vorstellungen unzertrennbar assoziiert und bildet, einzeln betrachtet, nur einen willkürlich herausgerissenen Punkt, eine kurze Strecke des kontinuierlichen Prozesses. Die Kompliziertheit der Denkvorgänge entsteht erst dadurch, daß wir dieselben von verschiedenen Standpunkten betrachten, von welchen ein jeder eine Alleingültigkeit für sich beansprucht. Der Logiker unterscheidet darin Syllogismen und Enthymemen, der Psychologe hat mit Vorstellungen und Gedächtnis zu tun, der Physiologe will nur von zellulären Vorgängen wissen und sie alle verkennen, daß ihre Unterscheidungen nur eine künstliche Zergliederung eines an sich einfachen und stetigen Prozesses, behufs dessen Analyse darstellen. Der Mensch denkt nicht mit Wörtern, Syllogismen, oder Bildern, vielmehr denkt er mit allem diesem zugleich, oder richtiger, er denkt mit den Reaktionen seines Gehirns auf die äußeren Einwirkungen. Die Psychologie, als positive Wissenschaft, ist gar nicht berechtigt dem Menschen ein „formelles Schlußvermögen" zuzuschreiben. Die positive Wissenschaft muß sich darauf beschränken, was wirklich beobachtet werden kann. Und unmittelbar beobachten können wir nur die Reaktionen, das Benehmen. Wenn wir aber das Benehmen des Menschen und der höheren Tiere vergleichen, so ergeben sich so schlagende Analogien, daß von irgendwelchen prinzipiell neuen psychischen Eigenschaften des Menschen nicht die Rede sein kann. Das sog. formelle Schlußvermögen des Menschen ist keine Erscheinung, sondern nur eine Untersuchungsmethode.

Zum Schluß noch eine Bemerkung. Wenn auch bei Wasmann das Bestreben hervortritt, seine Ansichten mit dem philosophischen Idealismus in Einklang zu bringen, so glaube ich, daß uns die Erkenntnistheorie keine neuen Schlüße aufzwingt. Denn der konsequente Idealismus führt schließlich zum Solipsismus und von diesem Standpunkte ist die Psyche „des anderen Menschen" ein ebensolches Naturobjekt, wie die tierische Psyche. Eben der Solipsismus ist am wenigsten geeignet als Argument für die Diskontinuierlichkeit der Entstehung des menschlichen Intellektes benutzt zu werden.

Biologie. In der modernen Biologie tritt immer mehr die Tendenz hervor, die Methoden der exakten Wissenschaften auf die Lebenserscheinungen anzuwenden. Ohne Zweifel werden die Forscher dazu durch einen Analogieschluß verleitet, denn die Analogie der unter so vielen Namen in unsere Wissenschaft eingeführten Einheiten mit Atomen und Molekülen liegt auf der Hand. Es ist aber ebenso evident, daß diese Analogie als eine oberflächliche bezeichnet werden muß. Den Atomen und Molekülen werden solche Eigenschaften zugeschrieben, deren Wesen keiner wissenschaftlichen Erklärung mehr zugänglich sind. Es gehört nicht zur Aufgabe der Physik, die Ursachen der Gravitation zu untersuchen und Chemie fühlt sich nicht verpflichtet über das Wesen der chemischen Affinität ein Urteil abzugeben. Wenn man unter „Erklären" das Zurückführen des Komplizierten auf das Einfachere versteht, so gibt es eben nichts einfacheres, als ein Atom und jeder physikalisch-chemische Erklärungsversuch muß die Eigenschaften des Atoms schon voraussetzen. Dieser Umstand hat Dubois Reymond veranlaßt, in den Atomen eine Grenze unserer Erkenntnis zu erblicken. Nebenbei möchte ich noch bemerken, daß die Elektronentheorie die Schwierigkeit nur verschoben hat, ohne dieselbe aufzuheben.

In der Biologie dagegen gilt als endgültige Erklärung das Zurückführen der Erscheinungen auf physikalisch-chemische Gesetze. Dazu verhelfen uns aber die biologischen Einheiten, mögen sie Biophoren, Idioblasten oder Automerizonten heißen, nicht im geringsten. Sobald man uns nach der konkreten Vorstellung einer Lebenseinheit fragt, sind wir gewohnt, derselben alle die Eigenschaften, welche den Organismus als solchen auszeichnen, im fertigen Zustande zuzuschreiben. Dadurch werden die Lebenseinheiten einfach zu primitiven Organismen, was die Schwierigkeit nur in derselben Ebene verschiebt, ohne unser Wissen auch nur eine Spur zu vertiefen. Der Teilungsvorgang eines Einzelligen wird nicht verständlicher, wenn wir annehmen, dasselbe bestehe aus Lebenseinheiten, welchen das Teilungsvermögen eigen ist. Erst recht wollen wir wissen, warum sich die Lebenseinheiten teilen und warum sich die Elementarprozesse zu einem einheitlichen Gesamtprozesse koordinieren. Dadurch wird nur eine neue Schwierigkeit geschaffen. Um konkret zu sprechen, ist ein Biophor ebenso verständlich oder unverständlich, wie ein Infusor. So, wie sie jetzt vorliegen, bilden die Lebenseinheiten nur ein Hindernis auf dem Wege physikalisch-chemischer Erklärung der biologischen Erscheinungen, weil sie der Forschung gar nicht zugänglich sind. Aus diesem Grunde ist es unschwer zu verstehen, warum sämtliche Versuche, die Vererbung und Entwicklung mit Hilfe der Lebenseinheiten verständlich zu machen, schließlich scheitern mußten, und warum wir keine Aussicht haben, auf diesem Wege zu positiven Ergebnissen zu gelangen.

Wenn es anders nicht geht, muß man sich darauf beschränken, was wirklich beobachtet werden kann. Aber einmal angenommen, muß dieser

Standpunkt konsequent durchgeführt werden. Demnach dürfen wir den biologischen Erscheinungen keine ihnen fremde Diskontinuierlichkeit vindizieren; vielmehr haben wir dieselben so hinzunehmen, wie sie uns in der Erfahrung gegeben sind. Das verschafft uns das sichere Untersuchungsmaterial, welches wir dann mit Hilfe der diskontinuierlichen Arbeitsmethoden analysieren werden. Nicht immer sieht man ein, daß die üblichen biologischen Begriffe, wie z. B. Zelle, Organ, Eigenschaft, Larve, Individuum u. dgl. lediglich zur Methode gehören und konkret, als eine Erscheinung genommen, eher hemmend als fördernd auf unsere Erkenntnis einwirken.

Diesen Gedanken konsequent durchzusetzen ist die Hauptaufgabe der vorliegenden Schrift.

I.

Deszendenztheorie.

Die Evolutionstheorie ist historisch als eine Reaktion gegen die alte Schöpfungstheorie, gegen die Annahme einer unabhängigen Abstammung einzelner Organismenarten entstanden. Ihrem Wesen nach ist sie nichts anderes, als eine Postulierung der Kontinuität der Lebensformen. Darin liegt ihr wesentlicher Inhalt, wie auch ihre ganze philosophische sowohl wie heuristische Bedeutung. Alles fließt. Nichts liegt mir ferner, als der Versuch diese alte Wahrheit nochmals zu begründen. Ich nehme die Richtigkeit des Kontinuitätsprinzipes einfach als gegeben an, und von diesem Standpunkte ausgehend, möchte ich nun nachzuweisen versuchen, daß viele gegen die Evolutionstheorie erhobenen Einwände lediglich auf einer mangelhaften Unterscheidung zwischen dem Geschehen und der Methode beruhen. Jede Ansicht werden wir als hinfällig zu betrachten haben, für welche wir nachweisen können, daß sie dem Kontinuitätsprinzipe widerspricht.

Einwände gegen die Evolutionstheorie? Wer denkt denn heute daran deren Richtigkeit zu bestreiten? In allgemeiner Form wohl niemand. Aber hier stehen wir einem merkwürdigen Schauspiele gegenüber, einer Begriffsverwirrung, wo man den Freund vom Feinde wahrlich nicht unterscheiden kann. Zunächst sehen wir hier die ursprüngliche, auf dem Kontinuitätsprinzipe aufgebaute Evolutionstheorie und deren geistiges Kind, Theorie der natürlichen Zuchtwahl. Beide werden gewöhnlich, wenn auch nicht ganz zutreffend, unter dem Namen des Darwinismus vereinigt. Dann aber stehen wir Darwins Epigonen gegenüber, jenen Auswüchsen des Darwinismus, welche alles dazu beigetragen haben, um die Selektionstheorie zu diskreditieren und deren Ausführungen wir konsequenterweise als Einwände gegen den Darwinismus zu betrachten haben werden. Und schließlich tritt uns eine mächtige Bewegung gegen die biologische Spekulation, welche unter den Schlagworten „Lamarckismus" und „Antidarwinismus" geführt wird, entgegen, eine Reaktion gerade gegen diejenigen Meinungen und Auseinandersetzungen, welche zum Darwinismus gar nicht gehören, ja, welche die Grundidee des Darwinismus widerlegen müßten, sollten sie zu Recht bestehen. Es ist wahrlich nicht die Schuld des Darwinismus, wenn die Darwinisten darin ein leicht zu hantierendes Prinzip erblickten, dessen Anwendung eine jede weitere Erklärung überflüssig macht. Die in der modernen Biologie so populäre Los-von-Darwin-Bewegung ist ein Protest der exakten Wissenschaft gegen Spekulation. Sie wendet sich aber nicht gegen den Darwinismus, sondern stellt vielmehr eine Rückkehr zu demselben dar.

Aber befassen wir uns konkreter mit der Frage. Wie gleich gezeigt werden soll, liegt die Ursache der Mißverständnisse lediglich darin, daß die Forschung die temporäre, provisorische Bedeutung aller unserer Arbeitsmethoden verkannte und dieselben zum Selbstzwecke erhoben hat. Die Evolutionstheorie gilt ja für lebendige, wirklich existierende Organismen, und man muß begreiflicherweise zu merkwürdigen Schlüssen gelangen, wenn man statt dessen bloße methodologische Fiktionen, die jeder konkreten Bedeutung entbehren, substituiert. Und dieses Verfahren liegt sämtlichen sog. darwinistischen Spekulationen zugrunde.

Wenn es gilt die Entstehung irgendeiner Struktur oder Anpassung zu erklären, so wird fast durchweg zu einer schematischen Formel gegriffen. Es wird angenommen, daß in uralten, längst vergangenen Zeiten ein Organismus existierte, welcher schon alle dieselben Eigenschaften besaß, die den heutigen Repräsentanten der gegebenen Art eigen sind, bis auf eine einzige, auf die namentlich, deren Entstehung erklärt werden soll.

Die Vorfahren unserer grünen, im Grase lebenden Heuschrecken waren genau ebensolche Heuschrecken, wie die heutigen und lebten ebenfalls im Grase, sie waren jedoch nicht grün, sondern weiß, oder rot. Nun sind in der Nachkommenschaft unserer Heuschrecken verschieden nuancierte Exemplare aufgetreten und diejenigen, welche zufälligerweise einen leichten Stich ins Grüne aufwiesen, hatten auch mehr Chancen zu überleben und ihre Fähigkeit, das grünliche Pigment auszubilden, der Nachkommenschaft zu überliefern. Das Raisonnement ist typisch. Wenn es sich um Entstehung eines neuen Organs handelt, wird sofort ein theoretisches Tier oder Gewächs geschaffen, bei welchen sonst alles ganz normal ausgebildet ist, aber . . . das betreffende Organ fehlt. Von hier an geht die Erklärung flott von statten. Und dabei sagt man uns, haben wir ja eigentlich mit Selbstverständlichkeiten zu tun. Daß die Heuschrecken variabel sind, daß die grünlichen Individuen weniger den Gefahren ausgesetzt sind und daß sich das Grünwerden im Laufe der Generationen steigern muß, das alles seien doch keine Hypothesen, sondern zwingende logische Folgerungen. Das Raisonnement ist aber lediglich eine Methode, eine Art Mechanismus, der alle ihm angebotenen Rohstoffe in gleicher Weise verarbeitet. Der Erklärungsgang bleibt unanfechtbar; jedoch das zu erklärende Problem existiert überhaupt nicht, es ist eine bloße Spekulation, welcher in der Natur nichts entspricht. Der geniale Beobachter Fabre hat gewissermaßen instinktiv gespürt, daß hier etwas nicht in Ordnung sein muß. Er befaßte sich mit der Frage, ob der Käfer, Scarabaeus (Ateuchus) sacer, bei welchem bekanntlich die Tarsi der Vorderbeine fehlen, diese Tarsi immer von neuem beim Kneten seiner Mistkugel abbricht, oder aber ob die Verstümmelung bei ihm erblich ist. Man könnte, sagt Fabre, das Fehlen der Tarsi auf das Nützlichkeitsprinzip leicht zurückführen und mit Hilfe der Selektionstheorie restlos erklären. Aber, fügt er hinzu, ich bleibe doch „bei dem Glauben, daß bereits dem ersten Scarabaeus, der seine Pille rollte — vielleicht am Gestade eines Sees, in dem sich das Paläotherium badete, die vorderen Tarsen gleich den heutigen gefehlt haben". Wenn auch Fabre in denselben Fehler verfällt, welchen er den Darwinisten vorwirft, indem er vom „ersten" Scarabaeus spricht, so liegt zweifelsohne in seinem Satze der richtige Kern. Es existierte niemals ein Scarabaeus mit Tarsi, es gab keine weißen Heuschrecken im grünen Grase und es war kein Fisch ohne Flossen. Ein selbständig variierendes Organ, eine von allen anderen unabhängige Eigenschaft, das sind methodologische Fiktionen, welche in der Natur kein Äquivalent besitzen. Was wir tatsächlich beobachten können, ist nicht das selbständige Variieren der Organe oder Eigenschaften, sondern die kontinuierlich miteinander verbundenen Varianten des ganzen Organismus. Der Organismus ist eben keine Summe der Eigenschaften: er unterscheidet sich von einer solchen, wie sich eine Parabel von der gebrochenen Linie unterscheidet. Die Annahme einer sprungweisen Entstehung einzelner Merkmale widerspricht dem Grundgedanken der Evolution, denn sie widerspricht dem Kontinuitätsprinzipe. Und was anderes, als eine solche Annahme haben wir von uns, wenn man uns sagt, daß die Heuschrecke heute grün geworden ist und gestern ihre Tympanalorgane erworben hat? Eine derartige Auffassung kann niemals von einem Darwinisten vertreten werden, weil ihre Richtigkeit mit der Widerlegung des Darwinismus gleichbedeutend wäre. Trotzdem werden ähnliche Wahrheiten im Namen des Darwinismus verkündet und in der Form eines Einwandes gegen den Darwinismus widerlegt. Fabre wendet sich ja mit seinem Scarabaeus gegen die Selektionstheorie und postuliert, als Ergebnis seiner Betrachtungen, die Kontinuierlichkeit der Evolution! Er unterscheidet einfach nicht die Evolution von der Selektion und genau denselben Vorwurf könnte man auch vielen Neo-Lamarckisten machen.

Befassen wir uns jetzt mit einigen Beispielen, welche uns zeigen sollen, wie oft die offensichtliche Unzulänglichkeit eines Gedankenganges in der Praxis uns nicht verhindert, denselben zu gebrauchen.

Als erstes Beispiel wähle ich die Theorie von Ernst Weber über die Ursachen der Rechtshändigkeit des Menschen. Der genannte Autor macht darauf aufmerksam, daß auf der linken Seite unseres Körpers sich das wichtigste Organ, nämlich das Herz, befindet. Für den primitiven Menschen war es offenbar von Vorteil, bei häufigen Kämpfen, die er auszustehen hatte, das Herz mit der linken Hand zu schützen, während er mit der rechten die Waffe führte. Auf die Weise erklärt sich der Unterschied in der Muskulaturausbildung der beiden Hände und dieser Unterschied, einmal geschaffen, mußte dann im Laufe der Generationen gesteigert werden.

Weber verfährt also genau nach unserer Vorschrift. Für ihn waren die Vorfahren des heutigen Menschen ebensolche Menschen, bis auf eine einzige Eigenschaft, welche uns gegebenenfalls interessiert: ihre Hände waren gleichmäßig entwickelt. Dies zugegeben, tritt die Mühle der Selektionstheorie in Bewegung und pulverisiert den dargebotenen Stoff, gleichwohl ob es sich um Korn oder Kies handelt. Vom Standpunkte des Kontinuitätsprinzipes aber sind eben diese „ersten" Menschen, mit gleichen Händen, vollkommen undenkbar. Die Eigenschaften der Hand variieren nicht unabhängig von den Eigenschaften des übrigen Körpers, und für einen Evolutionisten ist es klar, daß sich in der Phylogenese neben den Händen auch alle übrigen Körperteile verändert haben. Ohne Zweifel, wenn wir die Phylogenese des Menschen genügend weit zurück verfolgen, stoßen wir schließlich auf eine Form mit gleich entwickelten Vorderextremitäten, denn die Ungleichheit ihrer Ausbildung muß als ein sekundäres Merkmal angesprochen werden. Niemand vermag jedoch theoretisch vorauszusagen, in welchem Punkte der phylogenetischen Reihe sich die betreffende Form befindet. Der Mensch mit gleichen Händen war noch kein Mensch, sondern vielleicht ein Amphioxus-ähnliches Tier. Und wo sind denn die wichtigen Organe auf der linken Seite des Amphioxus, die er beschützen soll? Schon von der Erblichkeit der funktionell erworbenen Eigenschaften abgesehen, hätte doch Weber die Tatsache berücksichtigen müssen, daß die Rechtshändigkeit nicht das ausschließliche Eigentum des Menschen ist, sondern daß alle höheren Wirbeltiere eine stärkere Ausbildung der rechten Körperhälfte aufweisen. Wir haben also hier eine sehr alte Eigenschaft vor uns, deren Entstehung, nach modernen Ansichten, auf die unmittelbaren Entwicklungsbedingungen zurückgeführt wird.

Die besprochene Theorie wurde von einem Darwinisten aufgestellt und im Namen des Darwinismus verfochten. Nach dem Gesagten wird man uns jedoch nichts vorwerfen, wenn wir dieselbe an dieser Stelle, und zwar als Einwand gegen den Darwinismus erwähnt haben.

Als zweites Beispiel soll uns die berühmt gewordene Arbeit R. Semons über die Sohle des Menschen dienen. Semon hat bekanntlich zuerst histologisch nachgewiesen, daß die Sohle des menschlichen Embryos mit einer viel dickeren Hornschicht, als die Haut der übrigen Körperteile bedeckt ist. Er führt diesen Unterschied auf eine Vererbung funktionell erworbener Eigenschaft zurück. Im Gegensatz zu allen Tieren, die anthropoiden Affen inbegriffen, besitzt der Mensch, ohne Zweifel in Verbindung mit der aufrechten Stellung seines Körpers, eine ausgewölbte Sohle, auf deren Oberfläche der Druck des Körpergewichtes ungleichmäßig verteilt ist: derselbe ist am stärksten an der Ferse und an der Ansatzstelle des Daumens und am schwächsten in der Gegend der Vorwölbung. Genau dementsprechend ist auch die Dicke der Hornschicht auf der Sohle des Erwachsenen ungleichmäßig und diese Ungleichmäßigkeit erweist sich als erblich, nachdem sie auch bei dem Neugeborenen vorhanden ist. Die angeborene Abstufung in der Dicke der Hornschicht, auf welche Semon mit Recht ein besonderes Gewicht legt, ist, seiner Ansicht nach, vom Standpunkte des Selektionsprinzipes vollkommen unverständlich. Für die Selektion „notwendig ist nur, daß zur Zeit der ersten Gehversuche die Haut der Sohle eine Stärke der Hornschicht besitzt, die dem Maximum der an sie gestellten Ansprüche genügt" (86, S. 205). Der Gedankengang gestaltet sich also folgendermaßen: der ursprüngliche Mensch besaß auf seinen Sohlen eine gleichmäßig dicke Hornschicht, welche diejenigen der übrigen Körperstellen an Dicke übertraf, und seine Sohle war flach. Nachdem der Mensch die „ersten Gehversuche" in aufrechter Stellung unternommen hat, mußten sich auch die Sohlenvorwölbung und folglich die ungleichmäßig dicke Hornschicht, als Resultat des ungleichmäßigen Druckes entwickeln. Mit anderen Worten: die Vorfahren des Menschen unterschieden sich von dem heutigen Menschen nur in einer Eigenschaft, welche uns namentlich interessiert: ihre Sohle war flach. Der Zeitpunkt des ersten Auftretens der Wölbung ist genau durch die „ersten Gehversuche" angegeben. Für Semon gilt es hier die Vererbung einer erworbenen Eigenschaft nachzuweisen, weshalb er sich zur Aufgabe stellt, andere Erklärungen des gegebenen Falles, darunter auch die Selektionstheorie, zu entkräften. In dieser Bestrebung ist jedoch Semon zu weit gegangen, indem er sich in Wirklichkeit nicht gegen das Nützlichkeitsprinzip, sondern gegen das Evolutionsprinzip wendet. Seine Ansicht deckt sich mit der Annahme einer sprungweisen Entstehung unabhängiger Eigenschaften. Zuerst war die Sohle flach, mit gleichmäßiger Hornschicht; dann wurde sie gewölbt, aber die Hornschicht blieb noch immer gleichmäßig; schließlich wurden die Verschiedenheiten in der Dicke der Hornschicht ausgebildet. Vom Standpunkte des Kontinuitätsprinzipes sind die Eigenschaften des Menschen nicht als unabhängige Individuen, eine nach der anderen entstanden, indem sich ein neues Merkmal an die Summe der bereits vorhandenen einfach angliederte; diese Summe stellt vielmehr ein organisches Ganzes dar, welches sich nur einheitlich zu verändern vermag. Die von Semon aufgestellte Reihenfolge der Merkmale widerspricht dem Kontinuitätsprinzipe, und das zwingt uns zu dem Schlusse, daß sie auch mit Tatsachen nicht im Einklange stehen kann. Und doch ist Semon von einem ganz richtigen Standpunkte ausgegangen. In bezug auf die Struktur der Gelenke hebt Semon hervor, daß dieselbe nicht als Beweis einer Vererbung erworbener Eigenschaften gelten kann, weil ganz analog beschaffene Gelenke auch den viel niedrigeren Tieren eigen sind; sie sind in unermeßlicher Zeit entstanden und wir können nicht wissen, ob dabei die Selektion oder Mutation nicht die Hauptrolle gespielt hatten. Es bleibt nur zu bedauern, daß Semon diesem Satze nicht treu geblieben ist. Denn sobald wir mit konstanten, erblich fixierten Eigenschaften zu tun haben, kann in jedem einzelnen Falle sicher vorausgesagt werden, daß sie beim betreffenden Organismus nicht plötzlich aufgetreten, sondern in dieser oder jener Form auch den viel niedrigeren Organismen eigen sind. Mit der Menschensohle dürfte es sich auch nicht anders verhalten. Vielleicht werden die nachstehenden Erwägungen dazu beitragen, unseren Fall dem Verständnis näher zu bringen.

Es ist sehr wahrscheinlich, daß die Sohlenwölbung des Menschen tatsächlich eine erworbene Eigenschaft darstellt. Die aufrechte Stellung des Menschen schafft neue Bedingungen, welche bei den auf allen Vieren laufenden Tieren in viel geringerem Maße vorkommen. Es handelt sich nämlich um die Erhaltung des Gleichgewichtes. Aus einfachen mechanischen Gründen ist es leicht einzusehen, daß die Ferse und die Ansatzstelle des Daumens, als extreme Punkte der Sohlenoberfläche, welche mit dem Boden im Kontakt stehen, dabei am meisten in Anspruch genommen und die intensivere Inanspruchnahme mit stärkerer Entwicklung der betreffenden Muskeln und Knochen beantworten werden. Damit ist die Grundlage für die Ausbildung einer Vorwölbung gegeben. Bei den Menschen, welche infolge einer Lähmung ihre Beine nicht mehr zum Gehen zu benutzen vermögen, findet eine Atrophie der entsprechenden Muskeln statt und die Sohle nähert sich dem flachen Typus[1]). Die Verhältnisse beim Menschen sind von denjenigen der Tiere nur quantitativ verschieden. Denn das Tier hat ebenfalls sein Gleichgewicht zu erhalten, nur werden dabei alle vier Beine auf einmal in Anspruch genommen. Wenn man die Sohlenoberfläche sämtlicher vier Beine als ein Ganzes betrachtet, so ist hier eine Verdickung der peripheren Partien des ganzen Systems zu erwarten. Wahrscheinlich besitzt auch beim Menschen der linke Rand der linken Sohle und der rechte Rand der rechten eine etwas dickere Hornschicht und stärker ausgebildete Muskulatur. Die Sohlenwölbung des Menschen ist jedoch nicht dazu geeignet, als Beweis für die Vererbung erworbener Eigenschaften zu dienen, weil sie zwar funktionell erworben, dafür aber nicht erblich ist. Der Neugeborene besitzt einen flachen Fuß, ohne jede Spur der Wölbung[1]). Und da ergibt sich eine kaum zu überwindende Schwierigkeit. Wieso aus zwei Eigenschaften, welche im innigsten ursächlichen Zusammenhange stehen und gemeinsam sowohl wie gleichzeitig entstanden sind, kann eine — die Abstufung in der Hornschicht-Dicke, erblich, die andere dagegen — die Wölbung, nicht erblich sein? Und wieso kommt die Folge zur Ausbildung, wenn die Ausbildung der Ursache unterbleibt? Semon weigert sich, die gleichmäßige Verdickung der Sohlenhaut ohne weiteres auf den Gebrauch zurückzuführen, weil diese Eigenschaft allen gehenden Tieren eigen ist und folglich ein phylogenetisch sehr altes Merkmal darstellt. Es wurde bereits a priori angenommen, daß die Sohlenwölbung und „somit" die ungleichmäßige Hornschicht-Ausbildung nur beim Menschen vorkommen. Aber vielleicht erweist sich auch diese letztere, bei eingehenderer Untersuchung, als eine uralte Eigenschaft? Die ersten Gehversuche des Menschen sind möglicherweise mit der Bewegung einer Nereis mit Hilfe der Parapodien kontinuierlich verbunden[2]), und sobald das Kind die ungleichmäßige

---

[1]) Diese Angaben habe ich der Liebenswürdigkeit des Herrn Dr. H. Kaestenbaum in Wien zu verdanken.

[2]) Auch in der Ontogenese ist es nicht so leicht, den Zeitpunkt der ersten Inanspruchnahme der Beine anzugeben. Man möge sich nur erinnern, wie oft die Kinder zu springen und zu hüpfen pflegen, noch

Hornschicht besitzt, noch lange bevor bei ihm die Sohlenwölbung ausgebildet ist, berechtigt das uns zur kühnen Vermutung, daß bei den Affen, welche nie eine Sohlenwölbung ausbilden, die angeborene Abstufung der Hornschichtdicke ebenfalls vorhanden ist. Dadurch wäre aber die ganze Beweisführung Semons hinfällig.

Semons Ausführungen sind als ein Einwand gegen die Selektionstheorie aufzufassen, weil sie den Beweis zu erbringen suchen, daß die Entstehung einer Abstufung in der Dicke der Hornschicht vom Standpunkte des Selektionsprinzipes unverständlich sei. Und dabei hat Semon die Sachlage vorausgesetzt, welche dem Evolutionsgedanken überhaupt widerspricht. Wie schon oben angedeutet, stellt die Selektionstheorie nur eine Arbeitsmethode, einen bestimmten Gedankengang dar, welcher alles zu verarbeiten vermag. Und sobald man aus der unrichtigen Voraussetzung zu den unrichtigen Schlüssen gelangt, so kann das auch die Richtigkeit des Raisonnements, somit die Richtigkeit der Selektionstheorie beweisen. Die Voraussetzung aber besteht einfach darin, daß Semon eine bloße methodologische Fiktion, diejenige der Eigenschaft, als etwas tatsächlich gegebenes behandelte. Der Mensch mit gleichmäßig entwickelter Sohlenschicht, von welchem Semon ausgegangen ist, ist ein Mißgriff, weil die Eigenschaften der Sohle nicht unabhängig, sondern mit den übrigen Eigenschaften variierten und weil ein solcher Mensch wahrscheinlich noch ein niedrig organisiertes Tier war.

Als weiteres Beispiel nehmen wir die Untersuchungen von Braus über die Entwicklung der Vorderextremitäten bei den Bombinator-Larven. Die Anlagen der Vorderextremitäten der Froschlurche sind bekanntlich von einer Hautfalte, der sog. Opercularmembran verdeckt, unter welcher sie bis zum letzten Stadium vor der Metamorphose verborgen bleiben. Die ausgebildete Extremität übt einen Druck auf die Opercularmembran aus, und bricht dieselbe schließlich durch. „Der Durchbruch der Extremität macht so, rein äußerlich betrachtet, den Eindruck des Gewaltsamen." Daß die Gliedmaße dabei wirklich eine aktive Rolle

---

lange bevor sie gehen können. Außerdem ist zu berücksichtigen, daß sich ein älterer Embryo häufig mit den Füßen gegen die Uteruswand stemmt. Schon derartige Bewegungen können für die Ausbildung einer Sohlenwölbung von Belang sein.

spielt, wurde von B r a u s experimentell nachgewiesen. Er transplantierte die Anlage der Vorderextremität unter die künstlich gehobene Haut an beliebiger Körperstelle: die Anlage entwickelte sich bis zur vollständigen Ausbildung und brach die Haut durch. Man könnte geneigt sein, daraus auf die Abhängigkeit des Perforationsloches von der Extremität zu schließen. Die Versuche belehren uns aber des anderen. Denn wenn man die Anlage der Vorderextremität entfernt, so entsteht trotzdem ein Perforationsloch in der Opercularmembran, wenn auch dasselbe kleiner, als das normale ist; in manchen Fällen tritt auf der Stelle des Loches nur eine deutlich sichtbare Verdünnung der Haut auf. „Es ist damit bewiesen, daß die vordere Gliedmaße bei *Bombinator*-Larven nicht nötig ist, um die Bildung des Perforationsloches zu veranlassen" (9, S. 528). Diese Erscheinung wird von B r a u s auf eine Vererbung erworbener Eigenschaft zurückgeführt, indem er dieselbe als eine Art „Reminiszenz an früher einmal stattgehabte Mechanomorphosen" auffaßt. Die phylogenetische Entstehung des Perforationsloches denkt sich B r a u s in der Weise, daß das Loch wirklich als Perforationsloch, also in Abhängigkeit von der Gliedmaße, gebildet und dann erblich fixiert wurde. Aus der phylogenetischen Abhängigkeit der Perforation von der Gliedmaße ist, durch eine Art Heterochronie, die ontogenetische Unabhängigkeit entstanden. „Lamarckistische und darwinistische (Selektion) Erklärungsversuche würden, ohne eine Abhängigkeit des Perforationsloches vom Vorhandensein des Vorderbeins anzunehmen, soweit ich sehen kann, unmöglich sein" (S. 579). Denn wollten wir die Erscheinung auf die Selektion zurückführen, müßten wir zur unwahrscheinlichen Annahme greifen, daß eine zufällig in der Opercularmembran entstandene Öffnung durch Selektion fixiert wurde.

Also nochmals derselbe Gedankengang. Die Larven der Vorfahren unserer Unke waren ebenso beschaffen, wie es die heutigen sind, bis auf eine einzige Eigenschaft: ihre Opercularmembran besaß kein Perforationsloch. Und nun, als sich „zum ersten Mal" das Vorderbein entwickelte, mußte es natürlicherweise die Opercularmembran durchbrechen. Das Vorderbein entwickelte sich aber niemals zum ersten Mal und die ganze Annahme widerspricht einfach dem Kontinuitätsprinzipe. Es muß übrigens zugegeben werden, daß B r a u s selbst in seinen Schlüssen weit vorsichtiger war als seine Ausleger und eine Reihe anderer Möglichkeiten berücksichtigte, welche dazu beitragen sollen, uns einen ganz anderen Gesichtspunkt zu verschaffen. Zunächst ist es klar und von Braus gar nicht bestritten, daß die Gliedmaße ein phylogenetisch viel älteres Merkmal als die Opercularmembran darstellt. Versuchen wir nun, uns ein vermutliches Bild der phylogenetischen Entstehung der in Frage kommenden Gebilde zu entwerfen. Bei den Urodelen ist keine Opercularmembran vorhanden und die Extremitäten entwickeln sich frei. Man kann sich vorstellen, daß die Opercularmembran in der Form von zwei mit freien Rändern nach rückwärts gerichteten Hautfalten, welche die Kiemen und die Gliedmaßenanlagen verdeckten, entstanden war. Zunächst waren diese Falten nur vorne mit der Körperhaut verwachsen, nach rückwärts dagegen lagen sie frei. Die sich entwickelnden Vordergliedmaßen brauchten nur die Falte beiseite zu schieben, um nach außen zu gelangen. Auf einem weiteren Stadium begann die allmähliche Verwachsung der hinteren Randpartien der Opercularmembran mit der Haut des Rumpfes, wobei diese Verwachsung nur an zwei Punkten ausgeblieben ist, an welchen nun zwei Löcher ... nicht entstanden, sondern übrig geblieben sind. Also auch hier sind die vorderen Gliedmaßen von der Mühe eines Durchbruches befreit, indem ihnen fertige Löcher zur Verfügung stehen. Solche Verhältnisse finden wir tatsächlich bei den primitivsten Anuren — den Aglossen vor. Sind denn auch diese Löcher als eine Reminiszenz an die früheren Mechanomorphosen aufzufassen? Allerdings sind die Löcher geometrisch gerade dort vorhanden, wo sich bei Urodelen die vorderen Gliedmaßen entwickelten, wir haben jedoch keinen Grund, einen Zusammenhang zwischen beiden anzunehmen, zumal die Löcher in der Phylogenese ihre Lage verändern, ohne auf die Lage der Extremitäten eine Rücksicht zu nehmen. Diese Löcher, auch Spiracula genannt, haben vielmehr eine andere Funktion zu verrichten: sie dienen nämlich zur Zirkulation des Atmungswassers. Wir lesen auch bei Braus: man könnte vermuten, „daß das Perforationsloch der operierten Seite nicht als eine nutzlose Reminiszenz in den Experimenten entstände, sondern als nützliche, für die Atmung notwendige Einrichtung" (9, S. 550). Braus weist diese Vermutung zurück, weil die jungen Kröten zur Zeit der Perforationslochbildung nicht mehr mit Kiemen atmen. Verfolgen wir aber die Phylogenese weiter. Die beiden Löcher rücken nach der ventralen Körperseite vor, wo sie sich zu einem einzigen Spiraculum vereinigen. Dies ist der Fall bei den Discoglossen und somit auch bei unserer Unke. Schließlich besitzen die höheren Anuren nur ein Atmungsloch auf der linken Seite, welches ebenfalls genetisch aus einer Verschmelzung zweier, ursprünglich symmetrischer Löcher entsteht. Man sieht also, daß die Verwachsung der Opercularmembran mit der Haut des Rumpfes ganz unabhängig von der Lage der Vorderbeine vor sich geht. Nun gilt es, die Spiracula mit den Perforationslöchern in Verbindung zu bringen. Nach dem stattgehabten Durchbruch beider Gliedmaßen persistieren gewöhnlich die Perforationslöcher einige Zeit, wogegen das ventral gelegene Spiraculum bald verschwindet; es gibt jedoch eine andere Möglichkeit. Manchmal tritt es „schon vor Rückbildung des letzteren (des Spiraculum) eine Erweiterung eines jeden Loches (Perforationsloches) ein, derart, daß dasselbe sich eiförmig nach der Mittellinie der Bauchseite auszieht" (S. 511), also gegen das Spiraculum. Stellt denn nicht diese Vorrückung eine „Reminiszenz" der Perforationslöcher an eine einmal stattgehabte Verwandtschaft mit dem Spiraculum dar? Vielleicht sind ja die Perforationslöcher nichts anderes als Spiracula, zumal sie bei früher Obliterierung der letzteren ihre Funktion übernehmen. Damit wäre aber die Möglichkeit gegeben, die angeblich spontane Bildung der Perforationslöcher auch ohne Annahme einer Abhängigkeit von der Extremität darwinistisch zu erklären. Das Loch entsteht nicht „zufällig", sondern es bildet sich an jener Stelle, wo bei den Vorfahren der *Bombinator*-Larve tatsächlich ein Loch existierte, wo also die Verwachsung der Opercularmembran mit der Haut des Rumpfes ausgeblieben war. Wenn auch in den meisten Fällen die Perforationslöcher zu spät entstehen, um zur Atmung zu dienen, so beweist das vielleicht die Unzweckmäßigkeit des Vorganges, keineswegs aber darf dieser Umstand als ein Argument gegen die genetische Abhängigkeit der Perforationslöcher vom Spiraculum gebraucht werden. Dieselben sind als rudimentäre Gebilde aufzufassen und es ist uns auch sonst bekannt, daß die Rudimente häufig eine Heterochronie und namentlich im Sinne des verspäteten Auftretens aufweisen.

Vom Standpunkte des Kontinuitätsprinzipes ist es klar, daß die Reihenfolge: Gliedmaße, Opercularmembran, Durchbruch, Perforationsloch eine willkürliche ist, indem wir aus der kontinuierlichen Erscheinungskette nur das herausgreifen, was uns gegebenenfalls interessiert. Die Opercularmembran ist nicht dazu da, um die Entwicklung der Extremitäten zu erschweren; vielmehr ist sie aus ganz anderen Gründen entstanden und hat ihre eigene, von den Gliedmaßen unabhängige Funktion.

Abermals liegt derselbe Gedankengang dem sehr populären Einwurfe, nach welchem die Selektionstheorie die erste Entstehung der Anpassungen nicht erklärt, zugrunde. Um mit einem Sachkundigen zu sprechen, „in their initial and imperfect stages many variations would be useless". Nach Bateson bildet sogar dieser Umstand den schwerwiegendsten Einwand gegen die Selektionstheorie. Jedoch wenn man sich vorstellt, daß die unbedeutenden warzenförmigen Auswüchse am Rumpfe des Vogels, welche sich allmählich zu Flügeln entwickelt haben, unmöglich eine entscheidende Rolle im Kampfe ums Dasein spielen konnten, gibt man der Selektion ein unbrauchbares Material zur Verarbeitung. Beim Zurückverfolgen der vermutlichen Phylogenese behält man dabei einzig und allein die betreffende Eigenschaft im Auge und läßt alle übrigen außer acht. Die Flügel verwandeln sich in unbedeutende Warzen, aber der Vogel als solcher bleibt unverändert. In Wirklichkeit besteht der Organismus aus keinen autonomen Teilen, welche sich unabhängig verändern, sondern alle seine Merkmale und Eigenschaften bilden ein einheitliches Ganzes. Wenn wir in der Phylogenese immer weniger und weniger entwickelte Flügel antreffen, so bezieht sich das doch ebensogut auf alle übrigen Körperteile und der Organismus mit warzenförmigen Flügelanlagen ist eher einem Anneliden, als einem Vogel gleichzusetzen. Die Lebensbedingungen des Anneliden und des Vogels sind aber nicht dieselben, somit auch die Nützlichkeit der „Auswüchse" beim ersteren nicht ohne weiteres in Abrede gestellt werden darf. Das Dohrnsche Prinzip des Funktionswechsels, welches von Plate zur Verteidigung des Darwinismus ins Feld geführt wurde, ist eigentlich eine Selbstverständlichkeit. Die „Anlage" eines Organs wartet nicht zu, bis sie genügend ausgebildet ist, um die Funktion dieses Organs zu übernehmen. Sie ist allein um ihretwillen da und sie besitzt ihre eigene, von dem späteren Schicksal unabhängige Funktion. Es läßt sich mit Braus vermuten, daß die Opercularmembran der Anuren die Kiemen vom verunreinigten Atmungswasser schützt: wir sehen tatsächlich, daß die Urodelen, welche offene Kiemen haben, nur in reinen Gewässern vorkommen, wogegen die Larven der Froschlurche auch im stark trüben Wasser lebensfähig bleiben. Die Perforationslöcher sind also vielleicht ohne Rücksicht auf die Gliedmaßen als eine ganz andere Funktionen verrichtende Anpassung entstanden.

Wenn wir jetzt an alle besprochenen Beispiele zurückdenken, werden wir erkennen, daß, um eine Anpassung durch Selektion zu erklären, man zunächst dafür Sorge tragen muß, das zu erklärende Problem mit der Evolution in Einklang zu setzen. Um die Ausbildung einer Eigenschaft zu begreifen, suchen wir nach einem Ausgangspunkt, also nach dem Stadium, wo diese Eigenschaft noch fehlt. In der Regel wird man da viel weiter in der Geschichte des Organismus zurückgreifen müssen, als das die Darwinisten gewöhnlich tun. Die Erklärung der Grünfärbung unserer Heuschrecken werden wir demnach nicht mit weißen Heuschrecken im grünen Grase beginnen, weil es keine „neutralen" Bedingungen gibt und weil wir mit vollem Recht behaupten dürfen, daß die Heuschrecken, noch bevor sie ins Gras kamen, schon an den Farbton des Untergrundes, auf welchem sie früher lebten, angepaßt waren. Es handelt sich hier nicht um tatsächliche Entstehung einer gegebenen Farbe, sondern vielmehr um Entstehung der Anpassungsfähigkeit überhaupt. Man kann sich vorstellen, daß auch viel niedriger organisierte Vorfahren unserer Organismen bereits diese Fähigkeit besaßen, und nachdem die Heuschrecken „einmal" ins Gras kamen, soweit man von einem solchen Zeitpunkte sprechen kann, haben sie alle sofort, in der ersten Generation, die grüne Färbung angenommen. Aus den Versuchen von Poulton und neuerdings von Frl. L. Brecher an Schmetterlingspuppen ist uns bekannt, daß die Puppen, je nach der Farbe des Untergrundes, auf welchem sich die Raupen verpuppten, verschieden ausgefärbt erscheinen. Der Vorgang ist ein rein physiologischer und er wird, wie das weiter unten auseinandergesetzt werden soll, auf eine Fermentwirkung zurückgeführt. Die Tatsache des erfolgten Farbwechsels selbst wird durch eine direkte Einwirkung der Lichtstrahlen hinreichend erklärt, aber die Lichtstrahlen bilden keine eigentliche Ursache des Vorganges, sondern sie lösen lediglich die Wirkung eines bestimmten Mechanismus aus. Es kommt demnach in erster

Linie auf die Erklärung dieses Mechanismus an. Die direkte Lichteinwirkung erklärt uns die Entstehung einer Reaktion im Organismus, aus derselben ist jedoch nicht zu ersehen, warum diese Reaktion eine zweckmäßige ist, warum sie adaptiv erscheint. Und erst hier dürfen wir die Selektion heranziehen. Die Fähigkeit des Organismus, das Pigment auszubilden, wurde nicht durch Selektion geschaffen, weil die Selektion überhaupt unvermögend ist, etwas neues zu erzeugen, und weil das Auftreten des Pigmentes an sich ebensowenig zweckmäßig ist, wie die gelbe Farbe des Goldes. Nach modernen Ansichten entsteht das schwarze tierische Pigment, das Melanin, durch Einwirkung eines Fermentes, der sog. Tyrosinase auf das Tyrosin bzw. andere Verbindungen der Oxyphenyl-Gruppe. Nun wird aber das Tyrosin im Organismenkörper nicht ad hoc erzeugt, sondern dasselbe stellt das natürliche Abbauprodukt des Eiweiß, welches bei jedem Lebensprozesse gebildet wird, dar. Die Pigmentbildung ist demnach eine allgemeine Erscheinung ,welche sich auf elementare physiologische Eigenschaften jedes Organismus zurückführt. Von dieser Fähigkeit macht aber die Selektion Gebrauch.

Aus diesem Beispiele sehen wir, daß zwischen dem Darwinismus und der Theorie der direkten Faktoren kein Gegensatz besteht: beide bilden eine notwendige Ergänzung, weil beide verschiedene Seiten eines und desselben Problems ausdrücken. Unmittelbare Einwirkungen der Außenwelt lösen in den Organismen, als einheitlichen Gebilden, verschiedenartige Reaktionen aus und dieselben werden durch Selektion mit den tatsächlichen Lebensbedingungen in Übereinstimmung gebracht. Die Theorie der direkten Einwirkung erklärt uns die Entstehung der Varianten, die Selektionstheorie — Entstehung der Anpassungen. Die Heuschrecken könnten im grünen Grase ebensogut rot werden; sie werden jedoch grün, weil die Selektion schon bei ihren weiten Vorfahren die Anpassungsfähigkeit allmählich ausgearbeitet hat.

Es bleibt uns noch eine Frage zu besprechen übrig. Wann hat die Selektion zum ersten Mal eingegriffen? Auf die anorganische Welt scheint die Auslese überhaupt nicht anwendbar zu sein und sie setzt bereits bestimmte Eigenschaften der primitiven lebendigen Substanz voraus. Wenn wir die kontinuierliche Entstehung der lebendigen Substanz aus dem Leblosen annehmen, so müssen wir uns vorstellen, daß dieselbe erst an einem gewissen Zeitpunkte „selektionsreif" geworden ist. Dadurch würde aber die Selektion mit dem Kontinuitätsprinzipe in Widerspruch geraten. Dieser Einwand ist aber ein scheinbarer und er beruht darauf, daß wir uns bei Betrachtung der organischen Welt gewisser Konventionen bedienen. Zu solchen Konventionen gehört der Begriff der „Existenzfähigkeit". Streng genommen ist ja alles existenzfähig, und das schon auf Grund der Erhaltung der Materie bzw. der Energie. Bei Organismen haben wir mit einem engeren Begriffe zu tun: nach seinem Tode hört der Organismus als solcher zu existieren auf, weil der abgestorbene Körper keine Lebenseigenschaften mehr aufweist. Unter Existenz verstehen wir das Leben, also die Existenz in einer bestimmten Form. Derselbe Standpunkt läßt sich jedoch auch auf die leblose Welt anwenden und die Kluft verschwindet von selbst. Unter dem Petroleum verstehen wir z. B. eine ziemlich unbestimmte Mischung verschiedener Kohlenwasserstoffe, deren relative Menge beträchtlich variieren kann, ohne den Begriff zu verändern. Angenommen, die Temperatur der Erdoberfläche in der Nähe einer Petroleumquelle habe sich wesentlich erhöht, etwa infolge des Ausbruches eines benachbarten Vulkans. Das Erdöl verliert seine flüchtigen Komponenten, welche verdunsten bzw. verbrennen, und verwandelt sich in ein schwereres Petroleum. Es hat sich an neue Bedingungen angepaßt. Wenn wir mehrere Quellen verschiedener Zusammensetzung haben, wie es oft in der Praxis vorkommt, so werden diejenigen, welche vorwiegend aus flüchtigen Komponenten bestehen (z. B. aus manchen Quellen in Galizien werden bis zu 90% Benzin gewonnen) gänzlich verbrennen. Es ist hier eine Selektion eingetreten: die existenzunfähigen Petroleumsorten sind „abgestorben", d. h. sie haben aufgehört als Petroleum zu existieren und verwandelten sich in ganz anders beschaffene Gase. Die Analogie ist eine vollkommene. Auch die lebendige Substanz stellt keine fixe chemische Verbindung dar: sie ist ein Sammelname für eine bestimmte Klasse von Stoffmischungen, wie etwa Silikat, Seewasser oder Sand, welche eine Reihe gemeinsamer Eigenschaften, von uns Lebenseigenschaften genannt, besitzt[1]). Und bei jeder Ver-

---

1) [Roux vertritt die Auffassung, daß die unmittelbaren Vorstufen der Lebewesen ähnlich der Flamme als Assimilationsprozesse mit Selbstausscheidung und Selbstaufnahme aus dem Anorganischen entstanden

änderung der Bedingungen wird eine gewisse Inkongruenz zwischen den Eigenschaften der lebendigen Substanz und der Außenwelt eintreten, welche zur Selektion und zur Evolution führt. Es muß hier mit ganzem Nachdruck hervorgehoben werden, daß unter konstanten Bedingungen weder Evolution, noch Ontogenese, noch eine Formbildung überhaupt möglich sind. Das sehen wir heute an solchen uralten Formen, wie Dipnoi und Foraminiferen, welche seit Jahrmillionen unter denselben Bedingungen leben. Das sehen wir auch an der Tatsache, daß das Ei erst eines Reizes, also einer Veränderung der Bedingungen bedarf, um die Entwicklung anzutreten. Aus diesem Grunde hat die Selektion niemals zum ersten Mal eingegriffen, weil sie sowohl in der lebenden wie auch der leblosen Welt jede Veränderung der Faktoren begleitet.

II.

Vererbungsbegriff.

Es wurden zahlreiche Versuche unternommen, die als Vererbung bezeichnete Gruppe von Erscheinungen durch eine präzise Definition zu erfassen. Ich führe hier einige der bekanntesten Definitionen an.

1. Vererbung ist die Fähigkeit jeder Pflanze und jedes Tieres, neue Individuen von gleicher Art zu erzeugen. (H. Spencer.)

[Vererbung ist die Übertragung der Eigenschaften eines Lebewesens durch dessen eigne Tätigkeit auf die aus ihm selber hervorgegangenen Lebewesen. (Roux, 79 f.)]

2. „Vererbung ist die Fähigkeit des Organismus, den morphologischen Ausgangspunkt seiner Entwicklung aus einem bestimmten Teil seines eigenen Körpers auszubilden und vermittels desselben seine Eigenschaften auf die Nachkommenschaft, die sich daraus entwickeln kann, zu übertragen." (E. Godlewski.)

---

sind. Sie waren von diesem Stadium an „selbsterhaltungsfähig im Stoff- und Energiewechsel", trotz diesen und durch dieselben und damit zweckmäßig (wofür Roux objektiver „dauerfähig" sagt) und in seinem Sinne selektionsreif, denn sobald durch äußere Einwirkungen Variationen entstanden waren, mußten die dauerfähigeren sich besser erhalten und vermehren (79a, S. 230; 79f, S. 62).]

3. Vererbung nennen wir „die Tatsache, daß jeder Organismus seinen Ausgangspunkt wieder bildet und daß dieser dann ihn wieder bildet". (Driesch.)

4. Das Vererbungsproblem besteht wesentlich in der Frage, „warum ein Teil eines Eiproduktes sich stets in einige dem Ausgangspunkt relativ gleiche Gebilde verwandle". (Goette.)

5. „Unter Vererbung verstehen wir die Tatsache, daß die Organismen Nachkommen hervorbringen, die ihnen im weitgehenden Maße gleichen." (Correns.)

6. Vererbung ist „resemblance between parents and progeny". (Jennings.)

7. „Heredity is the sum total of the inherent capacities or ‚potences‘ with which a reproductive element of any kind, natural or artificial, sexual or asexual, giving rise to a whole or to a part, enters upon the developmental process." (Child.)

8. „Die Vererbungslehre behandelt die naturgesetzlichen Beziehungen zwischen den Eigenschaften der Eltern oder Voreltern und den Nachkommen." (Plate.)

Wenn auch die einzelnen der angeführten Definitionen auf wesentlich verschiedenen Auffassungen der Entwicklung beruhen, liegt ihnen doch eine gemeinsame Idee zugrunde: die Idee einer Ähnlichkeit zwischen bestimmten Formzuständen. Zunächst wird die Vererbung als eine bestimmte Fähigkeit des Organismus, als ein Ursachenkomplex, welcher uns die Erscheinungen der Übertragung der Merkmale von den Eltern auf die Nachkommenschaft erklären soll, aufgefaßt. Die zu erklärende Tatsache ist die Ähnlichkeit: Individuen von gleicher Art, Übertragung seiner eigenen Eigenschaften, und die Ursache dieser Ähnlichkeit ist die Vererbung. Es liegt auf der Hand, daß wir hier mit einem unkorrekten Sprachgebrauch zu tun haben. Denn die Vererbung ist keine besondere „Fähigkeit" des Organismus, sondern sie wird erst durch diese Fähigkeiten zustande gebracht. Selbstverständlich handelt es sich in den Definitionen 1—2 nicht um Annahme einer besonderen Vererbungskraft, die uns die Erscheinungen erklären soll. Es ist nur ein unglücklich gewählter Ausdruck[1]).

---

[1]) Godlewski hat neuerdings seine Definition aufgegeben (42).

In den Definitionen 3—6 erhält die Vererbung eine abstraktere Deutung. Sie ist ein bloßer Ausdruck für das Vorhandensein einer Ähnlichkeit zwischen Eltern und Nachkommen. Vererbung stellt somit nicht die Ursache dieser Ähnlichkeit dar; sie bildet lediglich die Bezeichnung der Ähnlichkeit, also nicht eine Erklärung, sondern eben das, was erklärt werden soll.

Plate weist ferner in seiner Definition darauf hin, daß nicht nur die Ähnlichkeit den Gegenstand der Vererbungslehre bildet, sondern daß auch die Unähnlichkeit, wie sie z. B. bei Mendelschen Spaltungen zutage tritt, ebensogut zu den Vererbungserscheinungen gehört. Diese Unterscheidung ist jedoch nur eine scheinbare und sie beruht auf der Annahme einer von allen übrigen unabhängigen Eigenschaft. Man muß aber in Betracht ziehen, daß, wenn bei der Kreuzung einer albinotischen Hausmaus mit der gescheckten japanischen Tanzmaus wildfarbige Nachkommen erzeugt werden, so sind doch diese Nachkommen Mäuse und keine anderen Tiere. Stellen wir uns vor, daß nicht nur in bezug auf die Farbe, sondern auch in bezug auf andere morphologische Merkmale eine Unähnlichkeit zwischen Eltern und Nachkommen auftritt, so werden in der F-Generation statt Mäuse ganz neue Organismen erscheinen und niemandem würde dann einfallen, das Phänomen den Vererbungserscheinungen zuzurechnen[1]). Das wichtige Moment ist eben die Ähnlichkeit, die Übereinstimmung der Eigenschaften, und die Definition von Plate, trotzdem sie den Kern einer anderen Auffassung enthält, fällt mit den anderen zusammen.

In der Definition von Child ist eine breitere Fassung der Vererbung gegeben. In einer gedankenreichen Arbeit führt Child (13) aus, daß es unstatthaft sei, die Phänomene der Vererbung nur in der geschlechtlichen Fortpflanzungsart zu erblicken. Vielmehr haben wir in jedem Reproduktionsmodus wesentlich denselben Vorgang vor uns: die Entstehung

---

[1]) Bei Generationswechsel haben wir allerdings ganz andere Organismen in der Nachkommenschaft, aber der Vorgang wird erst dadurch zur Vererbung, daß sich diese Formen wiederholen und der Vorgang einen geschlossenen Zyklus bildet. Und ohne Wiederholung derselben Erscheinungen würde der Vererbungsbegriff überhaupt nicht entstehen können.

des Ganzen aus einem Teile, worin eben die Vererbung besteht. Das Studium der Vererbung ist somit nichts anderes als das Studium der Ontogenese im weitesten Sinne des Wortes. An und für sich ist das zweifelsohne ein durchaus richtiger Gedanke. Es ist jedoch unschwer einzusehen, daß in bezug auf die Vererbung selbst, als eine Erscheinung, hier kein neuer Standpunkt vorliegt. Der Schwerpunkt der Definition liegt offenbar im Begriffe des „Ganzen". Hiermit wird eine bestimmte Form, ein Endstadium der Ontogenese gemeint, zu dessen Erreichung das reproduktive Element „of any kind" strebt. Nachdem, unabhängig von der Fortpflanzungsform, in jedem Falle dasselbe „Ganze" entsteht, drängt sich die Vorstellung einer Äquifinalität der Fortpflanzung auf, also die Annahme, daß sich bestimmte Tatsachenreihen wiederholen. Das „Ganze" bleibt immer dasselbe und das Wesentliche besteht abermals in der Ähnlichkeit der Entwicklungsresultate, mögen wir dieselben als das „Ganze" oder als Eltern und Nachkommen bezeichnen.

Wenn wir jetzt die gemeinsamen Züge sämtlicher Definitionen zusammenstellen, so ergibt sich, daß das Wesen der Vererbung in einer Ähnlichkeit zwischen zwei Formzuständen, die wir als Eltern bzw. Nachkommen bezeichnen, besteht, und daß die Untersuchung der Ursachen dieser Ähnlichkeit die Aufgabe der Vererbungsforschung bildet. Die Vorstellung der Eltern und Nachkommen ist so unzertrennbar mit dem Vererbungsbegriffe verknüpft, daß derselbe ohne diese Vorstellung überhaupt nicht entstanden sein könnte.

Sobald wir aber uns darüber Rechenschaft geben wollen, was wir eigentlich unter Eltern und Nachkommen konkret verstehen, kommen wir zu dem seltsamen Schlusse, daß uns dieselben in der Natur überhaupt nicht gegeben sind. Es sind dies vielmehr bloße Begriffe, welchen jede Tatsächlichkeit fehlt. Ja, noch mehr. Diese Vorstellung hat sich als ungemein schädlich für die Forschung erwiesen, indem sie die Aufmerksamkeit der Biologen vielfach auf rein metaphysische Bahnen lenkte.

Es ist zunächst hervorzuheben, daß uns in der Erfahrung überhaupt keine fixen Zustände, sondern immer nur kontinuierliche Vorgänge gegeben sind. Der Organismus als Form, als ein unbewegliches Ganzes, ist eine Abstraktion, ein leerer Begriff, welchem in der Natur gar nichts entspricht. Der Organismus verändert sich mit jeder Sekunde und eine fixe organische Form ist ebensowenig vorstellbar, wie etwa ein Augenblick der Gegenwart. Das was wir gewöhnlich als Individuum, Imago, Larve u. dgl. bezeichnen, kann am besten mit einer photographischen Momentaufnahme, welche einen willkürlich herausgegriffenen Zustand fixiert, verglichen werden. Der Organismus ist ein Vorgang und nichts anderes. Für den Vererbungsbegriff ist das aber von grundlegender Bedeutung. Wir sind gewohnt, den Satz, daß sich diese oder jene Eigenschaft des Elters bei dem Nachkommen wiederholt, kritiklos anzuwenden und vergessen dabei, daß die Eigenschaft etwas Bewegliches und sich stets Veränderndes ist. Jede Eigenschaft, jedes Merkmal wird erst nach und nach ausgebildet und jedes Glied dieser Erscheinungskette kann à la rigeur als Merkmal angesprochen werden. Denn tatsächlich kann jedes Stadium im Prozesse der Ausbildung eines Merkmals morphologisch definiert und in Gestalt eines embryologischen Präparates immobilisiert werden und ein jedes Stadium wiederholt sich bei der Nachkommenschaft. Folglich das, was sich wirklich vererbt, ist ein Vorgang und nicht ein Stadium. Wir werden bald sehen, zu welchen Schlüssen uns diese Erkenntnis führt.

Ohne Zweifel ist der Vererbungsbegriff ein anthropomorpher. Es wurde öfters gesagt, daß, wenn wir unser Studium der Organismenwelt von den niederen Formen begonnen hätten, bei uns kein Artbegriff hätte entstehen können. Ich erlaube mir, dasselbe von der Vererbung zu behaupten. Die Entwicklungsgeschichte des Menschen und der höheren Wirbeltiere läßt allerdings bestimmte vergleichbare Stadien unterscheiden, und zwar nicht etwa aus dem Grunde, weil der Vorgang an sich diskontinuierlich wäre, sondern einfach, weil uns dessen Bindeglieder verborgen bleiben. Im Momente der Geburt sind uns sämtliche Elemente des Vererbungsbegriffes gegeben: Eltern, Nachkommen und die Ähnlichkeit zwischen beiden und die auf die Weise entstandenen Vorstellungen werden auf die gesamte Organismenwelt übertragen. Aber nehmen wir ein Infusor. Was entspricht denn hier den Eltern und Nachkommen? Nach der erfolgten Teilung sehen wir nur zwei Tochtertiere, aber keinen Elter. Und noch mehr. Wir sehen keine Übertragung der Eigenschaften, weil es ja dieselben, und zwar stofflich dieselben, Eigenschaften sind, welche bei den Teilungsprodukten auftreten, also vielmehr ein **Persistieren**, eine

Kontinuität der Eigenschaften als deren Übertragung oder Vererbung.[1]) Das aber, was nach jeder Teilung neu gebildet wird, entsteht nicht durch „naturgesetzliche Beziehungen" zwischen dem Ursprungstier und den Teilungsprodukten, sondern durch die den letzteren eigenen Energien, welche in der Gegenwart, nicht in der Vergangenheit gegeben sind. Wir stehen hier einer Kontinuität der Substanz und der dieser Substanz immanenten Kräfte gegenüber und es wäre sehr gekünstelt anzunehmen, daß eine bestimmte Eigenschaft verschwindet, um bei den Nachkommen wieder aufzutreten. Die Fortpflanzung der Infusorien kann allerdings von gewissem Standpunkte als eine Vererbung der Eigenschaften aufgefaßt werden. Man müßte sagen: nach der erfolgten Teilung hört das Ursprungstier, der Elter, als ein Individuum zu existieren auf, um bei den Teilungsprodukten, den Nachkommen, in derselben Form wieder hergestellt zu werden. An und für sich wäre ja dagegen nichts einzuwenden. Es ergibt sich jedoch daraus, daß sowohl die Eltern wie die Nachkommen bloße Abstraktionen sind, welchen in der Natur nichts entspricht.

Nach der allgemein herrschenden Ansicht sind die Eigenschaften des Elters in dessen Keimzellen potentiell enthalten und werden durch die Vermittlung dieser letzteren auf die Nachkommen übertragen. Wenn wir die Entstehung der Eizelle etwa eines Frosches verfolgen, so kommen wir durch Ovozyten und Ovarialepithel zu den ersten wulstförmigen Anlagen der Geschlechtsdrüsen. Dem Kontinuitätsprinzipe gemäß dürfen wir dabei die übrigen Körperteile nicht außer acht lassen und es ergibt sich, daß mit Vereinfachung der Keimzellenanlagen sich auch alle übrigen Merkmale des Frosches vereinfacht haben, so daß wir die „ersten Anfänge" der Geschlechtsdrüsen nicht beim Frosche, sondern bei einer noch sehr niedrig organisierten Larve vorfinden. Alle uns bekannten Tatsachen sprechen dafür, daß in jeder Entwicklung die Geschlechtszellen die primäre Substanz darstellen, aus welcher sich die Formen entwickeln. Jede entgegengesetzte Annahme wäre eine Pangenese. Also die Keimzellen samt ihrem ganzen Anlagenschatz sind früher da, als die aus ihnen

---

[1]) Allerdings werden dabei viele Merkmale neugebildet. So wird nach R. Minkiewicz bei manchen Infusorien der gesamte lokomotorische Apparat vollständig reorganisiert, was übrigens an der Sache prinzipiell nichts ändert.

hervorgehenden Merkmale. In diesem Falle aber übermittelt der Elter, in Gestalt eines erwachsenen Frosches, nicht seine eigenen Eigenschaften, weil dieselben erst später zur Entwicklung gelangen. Ganz besonders klar ist das bei permanent neotenischen Formen, wie z. B. beim Axolotl. Von Jennings wurde der Satz geprägt, daß die Vererbung bei Protozoen dasselbe Problem darstellt, wie die Vererbung bei den Mehrzelligen. Ich möchte diesen Satz umdrehen und sagen, daß wir auch bei Metazoen keine sich kausal bestimmenden Eltern und Nachkommen haben, sondern dieselbe unmittelbare Kontinuität der Substanz und aller ihr immanenten Eigenschaften, welche wir bei Infusorien kennen gelernt haben.

Schließlich noch ein Beispiel. Angenommen, der Vater ist frühzeitig, etwa im Alter von 40 Jahren, vollkommen ergraut und diese Eigenschaft ist beim Sohne genau in demselben Alter aufgetreten. Man wird sofort erklären, daß die genannte Eigenschaft des Vaters durch die Vermittlung der Keimzellen eine adäquate Veränderung beim Nachkommen hervorgerufen habe. Somit bestehe die kausale Reihenfolge: graue Haare des Elters, Keimzellen desselben, graue Haare des Sohnes. Aber wie, wenn diese Eigenschaft des Elters erst 20 Jahre nach der Geburt des Sohnes aufgetreten ist? Also es vererben sich nicht die grauen Haare, sondern die Fähigkeit des Ergrauens, wenn man sich auf die Weise ausdrücken darf. Aber diese Fähigkeit beruht doch in letzter Instanz auf einer bestimmten stofflichen Zusammensetzung und sobald wir uns zur Aufgabe stellen, einen „Anfang" derselben ausfindig zu machen, stoßen wir wieder auf dieselben Schwierigkeiten. Denn jede gegebene stoffliche Konstellation, jeder Ursachenkomplex hat doch einen bestimmten Vorläufer, weil die Ursache des Auftretens einer Eigenschaft auch ihrerseits eine stoffliche Ursache haben muß. Dieser Gedankengang behält für jeden Vererbungsfall seine Gültigkeit und es folgt daraus, daß wir in der Natur keinen kausalen Zusammenhang zwischen Eltern und Nachkommen sehen, sondern stets mit einer Kontinuierlichkeit der Fähigkeiten zu tun haben.

Vom kausalen Standpunkte kann eine bestimmte Eigenschaft die nämliche Eigenschaft beim Nachkommen nicht ursächlich bedingen, weil sie ja selbst durch Ursachen, welche ihr unähnlich sind, erzeugt wurde. Ein Pigmentfleck ist die Folge der physikalisch-chemischen Beschaffenheit des Gewebes am gegebenen Orte im gegebenen Augenblick. Er stellt ein Endprodukt bestimmter chemischer Reaktionen dar und ist ein durchaus passives Gebilde, welches überhaupt kaum etwas hervorzurufen vermag. Es ist daher eine absurde Annahme, daß der Pigmentfleck einen ähnlichen Fleck beim Nachkommen hervorruft. Beide Flecke sind ähnlich, weil sie als Folge eines ähnlichen Ursachenkomplexes entstehen, zwischen beiden aber bestehen gar keine „naturgesetzlichen Beziehungen". Wird dadurch nicht der Begriff der Eltern und der Nachkommen illusorisch? Wenn eine Stanze aus dem Prägestock gleiche Münzen prägt, so werden die Münzen einander ähnlich, weil sie aus demselben Prägestock stammen und durch dieselben Ursachen erzeugt sind. Unsere Biologen würden aber erklären, daß die Eigenschaften der zeitlich früher erscheinenden Münzen durch die Vermittlung des Prägestocks, der Nachkommenschaft überliefert werden. Das ist der bekannte Schluß: post hoc ergo propter hoc. Der Tag- und Nachtwechsel wiederholt sich, weil die beiden durch eine und dieselbe Ursache, Rotation der Erde, bedingt sind. Und die Eltern bedingen nicht die Eigenschaften der Nachkommen, sondern beide sind einander ähnlich, weil sie aus demselben Material: dem Keimplasma und unter ähnlichen Entwicklungsbedingungen erzeugt werden. Wenn wir an das bekannte Weismannsche Schema, in welchem die Gerade $a, a' a''$ das Keimplasma, und die Seitenlinien $ab, a'b'$

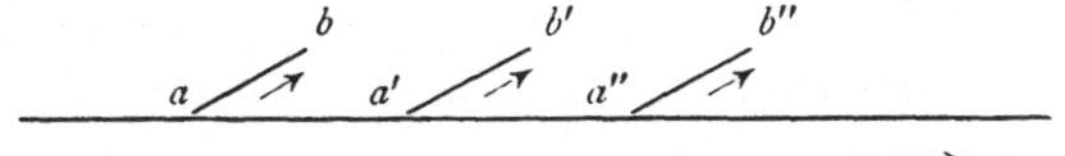

usw. das Soma der aufeinander folgenden Generationen bezeichnen, anknüpfen, so können wir unsere Ausführungen sehr gut veranschaulichen. Stellen wir uns den Evolutionsvorgang in Gestalt eines ununterbrochenen, von links nach rechts fließenden Stromes vor. Die Punkte $a, a' a''$ entsprechen den entwicklungsfähigen Keimzellen der aufeinander folgenden Generationen und die Punkte $b, b', b'' \ldots$ den erwachsenen Formen. Es wird klar, daß wir vom Punkte b zum Punkte b' überhaupt nicht gelangen können, weil wir uns gegen den Strom bewegen, also einen Schluß aus der Zukunft in die Vergangenheiten machen müßten. Der Punkt b kann somit keine Ursache des Punktes b' darstellen. Punkt a, ebenso wie die Punkte a', a'' . . ., dagegen sind Ursachen von allem dem, was sich rechts von denselben befindet.

Wir kommen hiermit zum Standpunkte der Weismannschen Vererbungstheorie. Aus der Idee der Kontinuität des Keimplasmas ergeben sich ohne weiteres alle unsere Schlüsse, denn es folgt aus derselben, daß wir in der Natur keine Eltern und Nachkommen und keine Vererbung vor uns haben, sondern einen ununterbrochenen Evolutionsvorgang. Man hat meistens, sagt Weismann, „die Mischung der individuellen elterlichen Eigenschaften bei Kindern in den Vordergrund der Vererbung gestellt und übersehen, daß dies doch nur eine ganz sekundäre Vererbungserscheinung ist . . . . nur die Folge einer gewissen Fortpflanzungsform" (93, S. 10). Und ferner: „Darwin hat dies sehr gut erkannt und seine erste Sorge war: die theoretische Erklärung der Einzelentwicklung (Ontogenese)" (ebenda). Das ganze Vererbungsproblem bildet somit nur einen kleinen Teil des Evolutionsproblems und besteht in der Frage: Warum sich in der Evolution bestimmte Stadien wiederholen, warum also die Evolution einen periodischen Charakter aufweist? Denn man könnte sich sehr gut einen Vorgang vorstellen, in welchem es keine Eltern und Nachkommen, kein Soma und keine Keimzellen gibt, sondern wo sich die lebendige Substanz in einer bestimmten Richtung, nach bestimmten Gesetzen ad infinitum entwickelt. Oder in der Form eines Vergleiches, einen Vorgang, welcher durch eine unendliche Gerade, anstatt einer Sinusoide ausgedrückt werden könnte. In dieser Vorstellung finden wir gar keinen Anhaltspunkt für die Annahme der Eltern und der Nachkommen, sowie für den Vererbungsbegriff. Nun, einen solchen Vorgang bietet uns die Evolution des Keimplasmas. Das Keimplasma ist tatsächlich eine Substanz, welche sich ununterbrochen in einer bestimmten Richtung entwickelt und welche dadurch die Grundlage der Evolution der gesamten organischen Welt bildet. Es war das unsterbliche Verdienst Weismanns, diese Wahrheit richtig erkannt zu haben und man weiß, wie viel der einfache Gedanke zu unserer Erkenntnis der biologischen Erscheinungen beigetragen hat. Aber die Idee der Kontinuität des Keimplasmas stellt nur einen winzigen Teil der allgemeinen Wahrheit: der Kontinuität der Evolution dar, und es war Weismann versagt, seinen genialen Gedanken konsequent durchzuführen. Indem er die Periodizität

der Evolution, den prinzipiellen Gegensatz zwischen dem kontinuierlichen Keimplasma und dem diskontinuierlichen Soma postulierte, ist
Weismann der Evolutionsidee nicht treu geblieben. Nach seiner Vorstellung besitzt das Soma einen bestimmten Anfang, einen Verlauf und
ein Ende, woraus sich die Begriffe der Eltern, Nachkommen und der Generationen unmittelbar ergeben. Und eben diese Vorstellung ist vollkommen unhaltbar.

Es ist gut bekannt, durch welche Argumente Weismann den prinzipiellen Gegensatz zwischen dem Soma und dem Keimplasma nachzuweisen suchte und ich kann mich daher kurz fassen. Das Keimplasma ist
durch zwei Kardinaleigenschaften, welche dem Soma nicht zukommen,
ausgezeichnet: es ist kontinuierlich und es ist unsterblich. Die Idee der
Stetigkeit des Keimplasmas beruht auf der Annahme der Keimbahnen.
Das Vorhandensein der Keimbahnen aber, wie das von O. Hertwig
trefflich hervorgehoben wurde, besagt nichts anderes, als daß das Keimplasma irgendwelche Abstammung, in Gestalt von Zellenreihen, haben
muß. Das ist allerdings eine Selbstverständlichkeit. Aber wenn es
Keimbahnen gibt, führt O. Hertwig weiter aus, so gibt es ebensogut
Muskel-, Knochen- und Drüsenbahnen, weil die Entwicklung dieser Gebilde auch in Gestalt von Zellenfolgen dargestellt werden kann. Dieser
Umstand ist also vollkommen unvermögend, irgendwelchen Unterschied
zwischen dem Soma und dem Keimplasma zu schaffen. Was nun ferner
die Unsterblichkeit des Keimplasmas anbetrifft, so ist damit nicht behauptet, daß das Keimplasma, gleich jeder lebendigen Substanz, überhaupt nicht sterben kann, sondern lediglich, daß es unter gewöhnlichen
Entwicklungsbedingungen kontinuierlich bleibt. Wie leicht einzusehen,
haben wir hier eher eine dialektische als sachliche Behauptung vor uns.
Denn in Wirklichkeit ist nicht das Keimplasma unsterblich, sondern das,
was unsterblich ist, wird von uns als Keimplasma bezeichnet. Die Unsterblichkeit gehört zur Definition des Keimplasmas, und der Satz: Keimplasma ist unsterblich, bildet einen ebensolchen analytischen Schluß, wie
der Satz: jeder Körper befindet sich im Raume, oder jedes Dreieck besitzt
drei Winkel. Um die Weismannsche Auffassung aufrecht zu erhalten,
mußte nachgewiesen werden, daß im ganzen Organismus nur ein bestimmter, morphologisch gut definierbarer Teil vorhanden ist, welcher die

Eigenschaft der Unsterblichkeit besitzt, und daß diese Eigenschaft den anderen Körperteilen nicht zukommt. Kurz, um den Zirkelschluß zu vermeiden, muß dem Keimplasma ein konkreter Inhalt gegeben werden. Aber eben dieses Unternehmen erweist sich als hoffnungslos, weil uns die Tatsachen gerade das Gegenteil zeigen. Es ist schon lange bekannt, daß unter günstigen Bedingungen, jede, oder fast jede Zelle des Körpers den ganzen Organismus wieder herzustellen vermag. Mit anderen Worten kann fast jede Zelle unter Umständen unsterblich bleiben, indem sie kontinuierlich in ein lebendes Wesen übergeht. Gemäß der Definition, muß folglich jede Zelle als Keimplasma bezeichnet werden. Die Nebenidioplasmen Weismanns, welche schon Roux 1881 zur Erklärung der Regenerationserscheinungen herangezogen hatte, sind der erste Schritt zur Erkenntnis, daß das Keimplasma weder spezifisch, noch lokalisiert, sondern einfach mit jedem beliebigen Körperteil identisch ist, bzw. identisch werden kann. An der Unsterblichkeit, an der Fähigkeit, das neue Leben bis ins Unendliche zu erzeugen, erkennen wir erst das Keimplasma. Angenommen, ich schneide einer *Hydra* einen Tentakel mit einem Stück Hypostom ab: derselbe regeneriert das vollständige Tier. Ich wiederhole dasselbe mit dem Regenerate und setze das Verfahren in einer Reihe der so geschaffenen Generationen fort. Wir haben nicht den geringsten Grund, den Fall anders als eine Vererbung aufzufassen. Und doch hat der „morphologische Ausgangspunkt" der Entwicklung mit dem Keimplasma Weismanns nichts zu tun. Nachdem es jedoch dieselben Eigenschaften besitzt, steht uns nichts im Wege den Keimplasmabegriff zu erweitern und auch auf das Soma auszudehnen. Die hypothetische Gerade, welche in unserem Schema die Keimzellen kontinuierlich verbindet, könnte mit demselben Erfolg Epithelien, Tentakel oder Muskeln verbinden, woraus ohne weiteres folgt, daß das Soma ebenso kontinuierlich wie das Keimplasma ist, und daß zwischen beiden überhaupt kein Gegensatz besteht. Die prinzipielle Unterscheidung des Somas und des Keimplasmas, die notwendigerweise zu den diskontinuierlichen Korpuskularhypothesen der Vererbung und insbesondere der Entwicklung führen mußte, entspringt dem Gedanken, daß den Gameten und der Zygote in der Vererbung „eine fundamentale Rolle zufällt", denn „nur die reifen Samenzellen können es sein, denen der väterliche Organismus seine offenbare Fähigkeit, die Eigenschaften der Nachkommen zu beeinflussen, verdankt" (Häcker 46, S. 121). Dieser Satz ist mißverständlich. Der Schwerpunkt des Weismannschen Gedankenganges liegt nicht in der Tatsache der Fortpflanzung durch Geschlechtszellen, sondern in der Homologie des Keimplasmas, in der Idee, daß nur eine streng lokalisierte Substanz zur Fortpflanzung befähigt ist. Wohl beteiligen sich väterlicherseits nur Samenzellen an der Vererbung, aber damit ist noch nicht bewiesen, daß diese Samenzellen immer dieselben sind. Samenzelle ist nur die Form, in welcher die entwicklungsfähige Substanz bei geschlechtlicher Fortpflanzung auftritt. Die geschlechtliche Vermehrung ist weder primär, noch im Organismenreich überwiegend; sie stellt vielmehr eine Anpassung an bestimmte Lebensbedingungen dar. Jeder Fortpflanzung liegt eine entwicklungsfähige Substanz zugrunde, und es ist unwesentlich, in welcher Gestalt sie uns entgegentritt; jedenfalls kann sie aus jedem Teile des Körpers stammen. Nicht das Keimplasma ist kontinuierlich, sondern kontinuierlich ist der gesamte Evolutionsvorgang.

Ich erlaube mir hier ein drastisches Beispiel vorzuführen. Bei Knospung der Hydromeduse *Lizzia* entsteht die Knospe ausschließlich aus dem Ektoderm des Manubriums. Der Fall war recht bedenklich für die Keimblättertheorie, zumal hier der ganze Organismus aus nur einem Keimblatt seinen Ursprung nimmt. Nicht minder gefährlich erweist er sich aber auch für die Weismannsche Theorie, weil die entstehende Knospe Geschlechtszellen ausbildet, welche von dem Ektoderm, also vom Soma stammen. Nun wurde die Situation durch die Arbeit von F. Braem gerettet, indem demselben gelungen ist, den Nachweis zu erbringen, daß der Knospungsvorgang der *Lizzia* wahrscheinlich auf die Entwicklung nur einer großen ektodermalen Zelle des Manubriums zurückgeführt werden kann, und daß diese Zelle in der Keimbahn liegt. Das wäre allerdings ein gutes Kriterium, um das Soma von dem Keimplasma zu unterscheiden[1]). Wenn die Vermehrung von einer Zelle ausgeht, liegt geschlechtliche Fortpflanzung, wenn dagegen der Ausgangspunkt aus mehreren Zellen besteht — ungeschlechtliche Fortpflanzung vor. Allein, sobald wir die Entstehung jener Zellgruppe, welche auf ungeschlechtlichem Wege

---

[1]) Allerdings betrachtet Braem (8) diesen Fall als ein Übergangsstadium zwischen geschlechtlicher und ungeschlechtlicher Vermehrung.

eine Knospe liefert, verfolgen, sehen wir ein, daß dieselbe sicher aus nur einer Zelle stammt: wenn es nicht gelingen sollte sie auf bestimmte Blastomeren zurückzuführen, so stammt sie doch aus dem Ei!

Es kann somit schließlich jede Form der ungeschlechtlichen Fortpflanzung auf die geschlechtliche zurückgeführt werden. Andererseits, wenn diese vermeintliche Keimzelle von *Lizzia* ihre Furchung beginnt, hört sie auf nur e i n e Zelle zu sein und der Vorgang verwandelt sich abermals in ungeschlechtliche Vermehrung. Zu solchen künstlichen Annahmen muß man greifen, um den Begriff des autonomen Keimplasmas aufrecht zu erhalten. Und um wieviel natürlicher wäre es, denselben ganz aufzugeben.

Der schier unermeßliche heuristische Wert der W e i s m a n n schen Idee liegt in der Erkenntnis, daß die Organismen keine losen, voneinander unabhängigen Formen darstellen, sondern kontinuierlich und substantiell verbunden sind. Die verbindende Substanz, in welcher Form dieselbe auch auftreten mag, bezeichnen wir als Keimplasma. Das Keimplasma ist demnach eine Abstraktion, ein Ausdruck dafür, daß irgendeine Bindesubstanz zwischen den Generationen vorhanden sein muß. Indem W e i s m a n n aber diesen breiten Begriff willkürlich verringerte und dem Keimplasma eine bestimmte morphologische Beschaffenheit zuzuschreiben suchte, beging er einen entschiedenen Fehler. Die ganze darauf entstandene Theorie der Entwicklung, mit ihren Biophoren und Determinanten, war die konsequente Folge. Diese Theorie widerspricht dem Kontinuitätsprinzipe, und es ist kaum notwendig hinzuzufügen, daß sie heute vollkommen widerlegt worden ist.

Seinem Wesen nach weist der stetige Evolutionsvorgang keine Periodizität auf. Ob es sich um Soma oder Keimplasma handelt, immer bemerken wir dieselbe Tendenz zur unbeschränkten unendlichen Entwicklung in einer gegebenen Richtung. Die lebendige Substanz vermag sich aber nur bis zu einer bestimmten Stufe zu entwickeln, und nach Erreichung derselben wird die Entwicklung sistiert. Mit anderen Worten besitzt die lebendige Substanz die Fähigkeit zur unendlichen Entwicklung, dieselbe ist aber mit der allmählichen Schaffung eines Hemmungsfaktors immer verbunden und an einem bestimmten Punkte wird der Vorgang unterbrochen. Aus der Tatsache selbst ergibt sich unmittelbar der Vererbungsbegriff. Es ist klar, daß, sobald sich die Entwicklung auf dieselbe Substanz unter den nämlichen Bedingungen bezieht, sie auch auf demselben Stadium unterbrochen wird. Diese Endpunkte der Entwicklung entsprechen unseren Begriffen der Eltern und Nachkommen und es folgt daraus, warum sich die beiden gleichen. In die naturwissenschaftliche Sprache übersetzt, besteht das Vererbungsproblem in der Frage, warum jede Entwicklung immer in einem gewissen Punkte unterbrochen wird.

Sehr verschiedene Ursachen können das Sistieren der Entwicklung bewirken, und ich glaube nicht, daß dasselbe bei allen Organismen auf eine glatte, allgemeingültige Formel zurückgeführt werden könnte. Es gibt jedoch einen allgemeinen Faktor, welcher bei sämtlichen Organismen eine auschlaggebende Rolle spielt, weil er sich auf die Eigenschaften jeder lebendigen Substanz bezieht. Dieser Faktor ist die Differenzierung.[1] Es liegt auf der Hand, daß die elementaren Lebenseigenschaften, wie Wachstum, Ernährung, Assimilation und Teilung, aus welchen sich die Entwicklung zusammensetzt, durch fortgesetzte Differenzierung unterdrückt werden und schließlich zum Stillstande, somit zum Sistieren der Entwicklung gebracht werden müssen. Man denke nur, um nur eines der zahllosen Beispiele herauszugreifen, an eine Korkzelle, deren Wand jeden Stoffwechsel unmöglich macht und das Absterben des Zellkörpers herbeiführt. Damit ist die natürliche Grenze der Ontogenese sowie des Lebens gegeben. Daß diese Grenze bei verschiedenen Organismen so verschieden ausfällt, hängt einfach mit der Verschiedenheit der Substanz zusammen, sobald aber die Substanz die nämliche ist, bleiben sowohl der Entwicklungsverlauf, wie auch deren Endpunkt dieselben. Hier liegt die ganze Erklärung der Vererbung. Der Endpunkt der Entwicklung, also der Gleichgewichtszustand zwischen der Differenzierungsfähigkeit der lebendigen Substanz und der hemmenden Wirkung der angehäuften Differenzierungsprodukte, welcher bei jedem Organismus auf einem bestimmten Stadium stattfindet, veranlaßt uns die kontinuierliche Erscheinung in Eltern und Nachkommen zu zerlegen und den Vererbungsbegriff aufzustellen. Der obige Satz, daß der Evolutionsvorgang seinem Wesen nach keine Periodizität erkennen läßt, ist in dem Sinne zu verstehen, daß die

---

[1] Das wurde schon von Delâge klar erkannt.

lebendige Substanz immer ihre formbildenden Eigenschaften beibehält, und könnte man die Differenzierungsprodukte entfernen, würde die Entwicklung ins Unendliche vor sich gehen. Diese Forderung ist in den Keimzellen verwirklicht, denn tatsächlich sind die Keimzellen diejenigen Elemente, welche durch irgendwelche uns unbekannte Ursachen in der allgemeinen Differenzierung des Körpers entweder gar nicht oder nur in einem geringen Maße teilnehmen. Die Tatsache selbst steht jedenfalls fest und es folgt daraus, daß sich die Keimzellen von den übrigen Körperzellen nur graduell unterscheiden und daß eine jede Zelle, welche dank ihrer besonderen Lage oder anderen Umständen der Differenzierung entgeht, die maximale Differenzierungsfähigkeit beibehält. Mit anderen Worten ist das Keimplasma Weismanns keine spezifische Substanz, sondern dieselbe lebendige Substanz, welche an einem Orte Muskel, an anderen aber Knochen oder Haare erzeugt. Im Abschnitte über die Regeneration werden wir das nochmals zu besprechen haben.

Was nun das Vererbungsproblem anbelangt, so bildet dasselbe nur einen kleinen und wohl auch wenig interessanten Teil der Embryologie. Der Vererbungsbegriff fragt nach den Ursachen der Ähnlichkeit zwischen den Eltern und Nachkommen, die auf dem Boden des Kontinuitätsprinzipes stehende Embryologie dagegen fragt, warum die Eltern und Nachkommen überhaupt da sind. Sobald sie aber einmal da sind, müssen sie einander gleich sein.

Wo die Lösung des Problems eine so einfache und naheliegende ist, müssen wir die ganze Mühe, den ungeheueren Aufwand an Scharfsinn und Fleiß, welchen wir in der vererbungstheoretischen Literatur bewundern, als vergeblich bezeichnen. Es werden auch die heftigen Protestrufe gegen diese unfruchtbaren aussichtslosen Versuche verständlich. „Das Wort ‚vererbt‘ “, sagt Herbst, „sollte überhaupt in allen entwicklungsphysiologischen Arbeiten vermieden werden, denn die Aufgabe der letzteren ist es ja, unter anderem auch jene Folge von Ursachen und Wirkungen, welche vom reifen und unbefruchteten Ei durch den Organismus hindurch wieder zur Bildung reifer Eier und Spermatozoen führt, aufzudecken, also zu zeigen, wie die Vererbung zustande kommt" (48, S. 8).

Die Forschung befaßt sich vorwiegend mit imaginären Problemen, und es ist noch eine Frage, ob die ungewöhnlich reiche Vererbungsliteratur der letzten Jahre durch eine entsprechende Erkenntnis der biologischen Erscheinungen aufgewogen wird. Es handelt sich hier hauptsächlich um zwei Probleme: Vererbung erworbener Eigenschaften und Mendelismus. Gehen wir nunmehr zu denselben über.

III.

Vererbung erworbener Eigenschaften.

Für die Beurteilung dieses so heiß umstrittenen Problems bietet uns das Kontinuitätsprinzip manche wertvollen Anhaltspunkte.

Die alte Auffassung der erworbenen Eigenschaft, welche wir in der Lamarckschen Schule vorfinden, bildet einen natürlichen, den Tatsachen selbst entnommenen Begriff. Weismann führte dagegen ein rein theoretisches Unterscheidungskriterium ein, welches nicht nur zur Einschränkung der ganzen Frage, sondern auch, meiner Meinung nach, zu deren Verwirrung wesentlich beigetragen hat.

Das uns hier interessierende Problem ist historisch der Evolutionstheorie, und zwar als Versuch, die Ursachen der Variation aufzudecken, entsprungen. Von diesem Gesichtspunkte allein muß es auch beurteilt werden. Es handelt sich hier um Abhängigkeit der organischen Variationen von den Einwirkungen der Außenwelt. Die dabei entstehende Frage lautet: kann eine längere Zeit ausgeübte Einwirkung eines äußeren Faktors eine bestimmte konstante Veränderung des Organismus hervorrufen? In der Natur haben wir die Organismen und deren Umgebung, und es gilt nun, die beiden in einen ursächlichen Zusammenhang zu bringen. Von diesem allgemeinen Gesichtspunkte können wir von den Generationen, Eltern und Nachkommen absehen, weil sie der Erscheinung selbst nicht eigen sind.

Stellen wir uns vor, wir lassen irgendeinen Faktor auf eine Infusorienkultur einwirken. Wir interessieren uns nicht dafür, daß sich die Infusorien teilen, daß sie konjugieren, Eigenschaften erwerben und den Nachkommen überliefern, sondern wir vergleichen einfach unsere Ausgangstiere mit den Infusorien derselben Kultur nach einer bestimmten Zeit. Falls sich ein Unterschied zeigt, sagen wir, daß der äußere **Faktor** eine

Veränderung hervorgerufen hat. Dieser Standpunkt ist in jedem einzelnen Falle anwendbar. Denn es ist noch eine Frage, ob für die Erwerbung einer neuen Eigenschaft die Zahl der dem betreffenden Faktor ausgesetzten Generationen, oder aber die absolute Zeit, dessen Einwirkung maßgebend ist[1]). Manche Tatsachen scheinen eher für die zweite Möglichkeit zu sprechen.

Es ist jedem Biologen bekannt, welchen gewaltigen heuristischen Wert diese einfache Fragestellung besitzt und in welchem Maße sie unsere Kenntnisse gefördert hat. Es ist jedoch weniger bekannt, daß alles, was auf diesem Gebiete wirklich positiv geleistet wurde, sich lediglich auf diese Frage zurückführt. Aber nun kommt die Analyse hinzu und bringt in das klare Problem eine Unklarheit und Verworrenheit. Dies geschieht zunächst durch die Einführung des Vererbungsbegriffes. Das war entschieden eine unglückliche Idee. Das Wertvolle der ursprünglichen lamarckistischen Auffassung liegt eben darin, daß für sie der Organismus einen kontinuierlichen Vorgang darstellt. Der Vererbungsbegriff zergliedert dagegen den Organismus in eine Reihe von Formen und überträgt das Hauptgewicht auf die Beziehungen zwischen denselben. Weismann führte die Analyse tiefer und fragte nach dem kausalen Zusammenhange zwischen diesen Formen. Diese für die Forschung verhängnisvolle Frage fand dann ihre Ausleger, Anhänger und, was noch schlimmer, ihre Gegner. Seitdem dreht sich die Forschung in ewigen Kontroversen, in Zweifeln, ob die gegebene Eigenschaft angeboren oder erworben sei, ob eine somatische oder eine parallele Induktion vorliege, wobei vollständig vergessen wird, daß man nur um Begriffe streitet.

Durch zahllose Beobachtungen, Versuche, Polemiken und Streitigkeiten, in welchen bald die Lamarckisten, bald die Weismannisten die Oberhand gewonnen zu haben glaubten, schimmert eine allgemeine Tendenz, gewissermaßen eine Resultante der in verschiedensten Richtungen angewandten Energie, die Tendenz zum Schlusse: die erworbenen Eigenschaften seien nicht erblich. Es wäre jedoch entschieden falsch, diesen Schluß als eine Widerlegung des Lamarckismus aufzufassen. Im Laufe

---

[1]) Auf diesen Umstand hat mich Herr Prof. H. Przibram aufmerksam gemacht.

der Zeit hat sich die Bedeutung der Begriffe wesentlich verschoben und die moderne Forschung stellt nicht das in Abrede, was der Lamarckismus behauptete. Mit der Zerlegung des Organismus auf prinzipiell verschiedene Bestandteile entstand zunächst die Frage nach dem materiellen Träger der gegebenen Veränderung. Als erworben könnte die Eigenschaft entweder im Soma, oder aber in den Keimzellen auftreten und nachdem beide Elemente sui generis sind, müssen auch die Eigenschaften, je nach ihrer Provenienz, prinzipiell verschieden sein. Die Merkmale, welche sich auf eine Veränderung der Keimzellen zurückführen, seien angeboren und erblich, die Veränderungen des Somas allein — erworben und nicht erblich. Man kann sich nur wundern, wieso dieser Satz bei den Forschern, welche mit denselben Begriffen operieren, einen Widerspruch finden konnte. Denn er drückt ja eine geradezu triviale Selbstverständlichkeit aus. Wenn die Keimzelle unverändert geblieben ist, kann doch keine der früheren Einwirkung entsprechende Veränderung des Entwicklungsresultates auftreten. Immerhin erscheint es fraglich, ob eine ausschließlich auf das Soma beschränkte Einwirkung überhaupt möglich ist.

Ob die Eigenschaft angeboren oder erworben ist, immer denken wir uns, daß dieselbe in bezug auf den ganzen Organismus neu erscheint, und der Unterschied liegt lediglich darin, in welchem Teile des Organismenkörpers die Eigenschaft präformiert oder vertreten ist. Da wir jedoch zwischen dem Soma und dem Keimplasma überhaupt keinen prinzipiellen Unterschied finden könnten, indem der gesamte Organismus aus Keimplasma besteht, können wir auch keine Scheidung der Eigenschaften in erworbene und angeborene annehmen. Sämtliche Eigenschaften des Organismus sind entweder alle angeboren oder alle erworben und welche Formel man wählen soll, bleibt dem persönlichen Geschmack überlassen.

Jede Veränderung eines beliebigen Körperteils zieht den ganzen Organismus in Mitleidenschaft und wird sich in irgendeiner Form bei der Nachkommenschaft geltend machen. Ebenso klar ist es, daß es keine physiologischen Bahnen gibt, welche von einer verstümmelten Extremität zur „Extremitätenanlage" in den Keimzellen führen und daselbst eine adäquate Veränderung hervorrufen. Nach Weismanns Ansichten würde nur dieser letztere Fall dem Vererbungsbegriffe entsprechen. Wenn wir jedoch Schritt für Schritt den kausalen Zusammenhang zwischen einem hypertrophierten Körperteil des Elters und der subnormalen allgemeinen Ausbildung des Nachkommens verfolgen, haben wir da nicht mit „naturgesetzlichen Beziehungen" zwischen den Entwicklungsstadien zu tun? Das einzig wissenschaftliche Problem besteht in der Erforschung des Zusammenhanges zwischen den Entwicklungsbedingungen und Entwicklungsresultaten und wenn die gewonnenen Forschungsergebnisse mit dem Vererbungsbegriff im Widerspruche stehen, nun, um so schlimmer für die Vererbung.

In den bekannten Versuchen Towers hat eine bestimmte äußere Einwirkung eine bestimmte Veränderung hervorgerufen und diese letztere ist bei Nachkommen, ohne daß dieselben der nämlichen Einwirkung ausgesetzt wären, konstant zum Vorschein gekommen. So weit die Tatsachen. Für einen Lamarckisten liegt hier eine Vererbung erworbener Eigenschaften vor. Die dunkle Farbe der Käfer ist infolge der Temperatureinwirkung aufgetreten: folglich ist sie erworben. Die Veränderung wiederholt sich bei den Nachkommen: folglich ist sie erblich. Für einen Weismannisten bietet der Fall die günstige Gelegenheit, sein wissenschaftliches Credo zu offenbaren. Er führt aus:

1. Der Geschlechtszelle gebührt eine prinzipiell abgesonderte Stellung im Organismenkörper, weil nur sie den neuen Organismus zu erzeugen vermag.

2. Die Veränderung kann übermittelt werden, nur wenn sie die Keimzellen getroffen hat.

3. In Towers Versuchen hat die Einwirkung die Keimzellen unmittelbar getroffen.

4. Die erzeugte Eigenschaft ist keine erworbene, sondern angeborene.

5. Erworbene Eigenschaften sind nicht erblich.

Wir haben schon früher die einzelnen Punkte des Weismannismus besprochen und können jetzt kurz erwidern: Es gebührt der Geschlechtszelle keine abgesonderte Stellung im Organismus, es besteht kein prinzipieller Gegensatz zwischen dem Soma und dem Keimplasma, es besteht kein Unterschied zwischen den angeborenen und erworbenen Eigenschaften und es ist ganz ohne Belang, ob die Erscheinung den Ansichten Weismanns entspricht oder nicht entspricht. Weit wichtiger ist die Frage, ob diese Ansichten den Tatsachen entsprechen. Wenn wir die Käfer in

ein Gefäß hineingeben und dasselbe jahrelang einer erhöhten Temperatureinwirkung aussetzen, so werden wir schließlich eine melanotische Rasse
bekommen. Das ist das Versuchsresultat und damit hat die Theorie zu
rechnen. Und was geht uns das an, ob da eine erworbene oder angeborene
Eigenschaft vorliegt, oder ob eine Übertragung derselben möglich ist,
wenn wir konkrete Versuchsergebnisse vor unseren Augen haben. Sobald wir den usrprünglichen Zweck aller derartigen Untersuchungen
nicht außer acht lassen, so können wir daraus folgern, daß die Schwankungen der Temperatur einen wichtigen Faktor in Erzeugung neuer Rassen darstellen und daß wir damit einen kleinen Schritt auf dem Wege zur
Erkenntnis der Variationsursachen gemacht haben. Die gewonnenen
Resultate lassen sich ferner eingehend physiologisch analysieren und ge-
statten uns, einen näheren Einblick in die Bedingungen der Entstehung
neuer Arten zu machen. Und bei allen diesen Fragen bedürfen wir gar
keiner Vererbung. Gerade dieses engere Gebiet der physiologisch-chemischen Bedingungen der Pigmentbildung zeigt uns sehr deutlich, wo die
wahren Aufgaben der Wissenschaft liegen und von welcher Seite wir die
Lösung der uns entgegenharrenden Fragen zu erhoffen haben. Es handelt
sich hier um noch wenig bekannte und zum größten Teil ganz neuerdings
ausgeführte Untersuchungen.[1]) Ich erlaube mir daher einen etwas aus-
führlicheren Exkurs in das betreffende Forschungsgebiet zu machen.

Die neueren physiologisch-chemischen Arbeiten weisen mit ganzer Bestimmtheit darauf hin, daß die Fähigkeit der Pigmentbildung eine allgemeine, vom gesamten Stoffwechsel des Organismus abhängige Eigenschaft darstellt. Die Entstehung pigmentartiger Körper auf fermenta-
tivem Wege wurde zuerst von Bertrand untersucht. Bekanntlich wird
der Saft verschiedener Rusarten in der Luft pechschwarz, und er wird in
China zur Erzeugung von Firnis verwendet. Diese Schwärzung wurde von
Bertrand auf die Einwirkung eines oxydativen Ferments — Laccase,
auf eine leicht oxydierbare organische Substanz zurückgeführt. Dann
wurde ein ähnliches Ferment von Biedermann im Darme der Mehl-
käferlarve gefunden. Biedermann hat nachgewiesen, daß sich daselbst

---

[1]) Inzwischen sind die Arbeiten von H. Przibram und Frl. L. Brecher,
welche die betr. Untersuchungen eingehend darstellen, erschienen. (Arch.
f. Entwmech. Bd. 45. 1./2. Heft. 1919.)

ein oxydatives Ferment — Tyrosinase, befindet, welches das Dunkelwerden des Tyrosins, unter Abscheidung von schwarzem flockigem Niederschlag, bewirkt. Dieses Problem wurde besonders von Fürth und seinen Schülern (s. Referat, 37) einem eingehenden Studium unterzogen. Es war schon lange bekannt, daß das grüne Blut verschiedener Insekten beim Stehen in der Luft eine tiefbraune Farbe annimmt und einen schwarzen Niederschlag abscheidet. Es lag nahe, diese Schwärzung mit dem Dunkelwerden vieler Insekten bei der Metamorphose in Verbindung zu bringen. Fürth hat nun nachgewiesen, daß auch in diesem Falle eine Einwirkung der Tyrosinase auf das Tyrosin selbst, oder jedenfalls auf eine der Oxyphenylgruppe angehörende leicht oxydierbare organische Verbindung, vorliegt. Die Analyse ergab, daß der dabei entstehende Niederschlag dieselbe Zusammensetzung wie das schwarze tierische Pigment, das Melanin, aufweist. Auf diesen Befunden fußend, hat Cuénot seine berühmte Hypothese aufgestellt, nach welcher die Pigmentbildung bei den Kreuzungen von zwei Faktoren abhängt: von einem eigentlichen farberzeugenden Faktor (Tyrosinase) und einer organischen Grundsubstanz — Chromogen (Tyrosin bzw. verwandte Körper). Die albinotischen Tiere enthielten, nach Cuénot, nur einen der beiden Faktoren und in den Fällen, in welchen albinotische Eltern gefärbte Nachkommenschaft liefern, wie bei den Hühnern, enthielte die eine Gamete das Ferment, die andere dagegen das Chromogen, wodurch die Zygote im Besitze aller Vorbedingungen der Pigmentbildung wäre. Die Arbeiten von Frl. Durham, besonders aber von H. Przibram und seiner Schülerin Frl. Brecher, bedeuten einen weiteren wichtigen Schritt auf dem uns interessierenden Gebiete. Aus denselben geht zunächst hervor, daß die Idee von Cuénot, welche so gut manche unerwarteten Kreuzungsresultate erklärte, zumindestens als ungenau bezeichnet werden muß. Anscheinend haben wir nämlich keinen Grund, ein getrenntes Vorkommen der beiden Faktoren anzunehmen. In der Tat stellt das Tyrosin das bestbekannte Abbauprodukt des Eiweiß dar: bei jeder Einwirkung auf das letztere, welche eine Spaltung des Eiweißmoleküls zur Folge hat, entstehen reichliche Mengen Tyrosins. Tyrosin muß demnach in jedem funktionsfähigen Organismus vorhanden sein, nachdem es ein natürliches Produkt des Stoffwechsels darstellt. Alle Organismen enthalten das Chromogen, weil dasselbe ein Satellit der Eiweißkörper ist; das läßt sich übrigens direkt nachweisen. Wenn ferner, bei Anwesenheit des Chromogens, die Pigmentbildung unterbleibt, darf daraus auf die Abwesenheit des Ferments nicht ohne weiteres geschlossen werden. Die Pigmentbildung findet nur unter bestimmten physikalisch-chemischen Bedingungen statt, sie erfordert einen bestimmten Reaktionszustand. Nach Fürth bleibt die Schwärzung des Tyrosins in ausgesprochen sauren Lösungen aus, es müssen dabei gewisse Temperaturgrenzen (über 70° C ist die Tyrosinase unwirksam) eingehalten werden (H. Przibram), es kann dafür die Beleuchtung verantwortlich gemacht werden (nach Przibram ist der Vorgang in verschiedenfarbigen Lichtstrahlen verschieden) u. dgl. m. Es ist somit eher wahrscheinlich, daß ein jeder Organismus sowohl das Chromogen wie das Ferment enthält und die Pigmentbildung von einem dritten Faktor, dem Reaktionszustand, ausgelöst bzw. gehemmt wird. Es läßt sich ferner mit großer Wahrscheinlichkeit vermuten, daß im gesamten Organismenreich nur wenige, möglicherweise nur ein einziges Ferment, bzw. Chromogen vorhanden ist, nachdem die Verschiedenheit der Färbungen lediglich durch Variieren des Reaktionszustands in vitro nachgeahmt werden kann. Schließlich ist es sicher für das Chromogen und wahrscheinlich für die Tyrosinase, daß deren Entstehung im Organismenkörper unmittelbar mit elementarsten Lebenseigenschaften der Lebewesen, namentlich mit dem Abbau des Eiweißmoleküls zusammenhängt. Versuchen wir nun jetzt, unsere neuen Kenntnisse auf einen konkreten Fall, z. B. auf die Experimente von Fischer und Standfuß anzuwenden.

Die bei niedriger Temperatur gehaltenen Schmetterlingspuppen ergeben melanotische Aberrationen, welche in einem gewissen Prozentverhältnis erblich sind. Vom Standpunkte der Fermentlehre können wir uns vorstellen, daß, wenn auch die Puppen sowohl das Ferment, wie das Chromogen enthalten, der Reaktionszustand bei gewöhnlicher Temperatur für die Pigmentbildung nur wenig günstig ist. Angenommen, die erniedrigte Temperatur setzt durch eine komplizierte Kette von Stoffwechselvorgängen den allgemeinen Säuregehalt im Puppenkörper herab. Der Hemmungsfaktor wird abgeschwächt und es resultieren melanotische Individuen. Aber offenbar befinden sich das Chromogen wie das Ferment im ganzen Körper der Puppe und namentlich in deren Blute; wenn sich die Pigmentbildung auf die Haut beschränkt, so hängt das lediglich mit der leichteren Oxydationsmöglichkeit zusammen. In diesem Falle enthielten aber die Geschlechtszellen, wie alle übrigen Zellen des Körpers, die beiden Komponenten. Man möge sich übrigens an die pigmentierten Eier erinnern. Der herabgesetzte Säuregehalt kann sich ebensogut auf die Keimzellen erstrecken und im Laufe der Entwicklung der letzteren wird der gegebene Bedingungskomplex auf die nachfolgenden Zellengenerationen übergehen und somit eine leichtere Pigmentbildung bei der Nachkommenschaft ermöglichen. Allerdings sind die betreffenden Erscheinungen noch sehr wenig untersucht und es bleibt auf diesem Gebiete alles zu erforschen übrig. Der Säuregehalt bildet auch zweifelsohne nur einen der vielen mitspielenden Faktoren. Ich will deswegen nicht behaupten, daß sich die Dinge bei den Schmetterlingspuppen wirklich so verhalten, wie ich sie geschildert habe, ich möchte vielmehr nur zeigen, in welcher Ebene die Lösung der Frage nach der Vererbung der Aberrationen möglicherweise liegt.

Wie verhalten sich aber unsere Ausführungen zur Vererbung? Die Fähigkeit des Organismus zur Tyrosin- bzw. Tyrosinasebildung ist keine erworbene Eigenschaft, weil sie auf den uralten Eigenschaften jeder lebendigen Substanz unmittelbar beruht, also nicht neu erschienen sein kann. Aus demselben Grunde kann sie auch nicht als eine angeborene Eigenschaft bezeichnet werden, indem sie immer auf jedem Entwicklungsstadium vorhanden ist und nicht erst mit der „Geburt" erzeugt wird. Was den dritten Faktor, den Reaktionszustand, anbelangt, so kann derselbe ebenso weder erworben, noch angeboren sein; denn es handelt sich hier nicht um etwas Bestimmtes und Greifbares, sondern um einen komplizierten Bedingungskomplex, welcher in dieser oder jener Form jedem Organismus, wie auch jedem anorganischen Körper eigen ist. Alles hat einen bestimmten Reaktionszustand. Wenn die erniedrigte Temperatur eine Veränderung der Hydroxylionenzahl zur Folge hat, so sind wir nicht berechtigt, das als eine erworbene, neu aufgetauchte Eigenschaft zu bezeichnen. Der Säure- bzw. Alkaligehalt schwankt mit jedem Augenblicke des Lebens eines Organismus und wir können nicht wissen, wie oft der gegebene Reaktionszustand in der Stammesgeschichte unserer Araschnien aufgetreten war. Die Tiere sind und waren verschiedenen Temperaturschwankungen ausgesetzt und haben dieselben stets auf eine bestimmte Weise beantwortet. Der ganze Streit bedeutet für uns nichts anderes als den Versuch, die Erscheinung in künstliche Kategorien hineinzuzwingen. Das wird aus einem Vergleiche noch besser erhellen.

Chlor verbindet sich direkt mit Wasserstoff unter der Einwirkung von Lichtstrahlen. Ist denn diese Fähigkeit angeboren oder erworben? Der Chemiker wird uns wahrscheinlich sagen, daß die uns interessierende Fähigkeit weder angeboren noch erworben, sondern einfach dem Chlor als solchem eigen sei. Sie gehört ebensogut zur Definition des Chlors, wie seine grüne Farbe oder sein erstickender Geruch, und Chlor, welches nicht imstande wäre, sich mit Wasserstoff im Lichte zu verbinden, wäre kein Chlor, sondern irgendein anderer Körper, z. B. Stickstoff. Die Analogie mit unserem Falle ist eine vollkommene. Es ist eine allgemein angenommene und ohne Zweifel richtige Ansicht, daß sich nicht die Merkmale als fertige Gebilde vererben, sondern die Fähigkeit des Organismus, dieselben unter bestimmten Bedingungen auszubilden. Sobald man aber von erworbenen und angeborenen Eigenschaften spricht, setzt man implizite voraus, daß jede Eigenschaft einen Anfang haben muß und daß es ein Stadium gibt, auf welchem die betreffende Eigenschaft noch fehlt. Mag das für Merkmale gelten, in bezug auf die Fähigkeiten des Organismus ist das entschieden falsch. Die Fähigkeiten der lebendigen Substanz haben keinen Anfang: sie sind einfach der lebendigen Substanz eigen und so unzertrennbar mit derselben verbunden, daß diese Substanz, nur einer ihrer Fähigkeiten beraubt, keine lebendige Substanz mehr wäre. Außerdem sind diese Fähigkeiten immer dieselben und wenn sie nicht in jedem Punkte der Entwicklung zum Vorschein kommen, z. B. die Trochophora weist keine Segmentation auf, so sind auch für die Verbindung des Chlors mit Wasserstoff Lichtstrahlen erforderlich. Es wird auch klar, daß die Merkmale des Organismus sich nicht gegenseitig beeinflussen können, sondern daß der gesamten Entwicklung eine kontinuierliche Substanz, deren Fähigkeiten diese Merkmale unter bestimmten Bedingungen erzeugen, zugrunde liegt. Die Entwicklung des Menschen wie diejenige eines Protozoons beruht auf derselben Erscheinung: auf der Kontinuierlichkeit der Substanz mit allen ihren Fähigkeiten und Eigenschaften.

Und das einmal zugegeben, brauchen wir überhaupt keine Vererbung, um die Entwicklungsphänomene zu beschreiben, zu untersuchen, vorauszusagen oder nach unserem Willen zu lenken[1]).

IV.

Mendelismus.

Es gibt dennoch ein ausgedehntes und ungemein fruchtbares Gebiet der Biologie, auf welchem die Eltern und Nachkommen und der Vererbungsbegriff eine notwendige Voraussetzung der Forschung darstellen. Ich meine natürlich den Mendelismus. Wie, eben dank diesen Voraussetzungen erhalten wir die Möglichkeit, die Vererbungserscheinungen nicht nur zu erklären und vorauszusagen, sondern dieselben nach unserem Wunsch zu richten, wir haben die Aussicht, auf diesem Wege die Biologie zur exakten Wissenschaft zu erheben und die Organismen in organischen Formeln auszudrücken, wie das Chemie mit ihren Körpern tut, und nun sollte man die Grundlagen unserer mächtigen Forschungsrichtung bezweifeln? Es ist ja schließlich unwesentlich, ob zwischen den Eigenschaften der Eltern und der Nachkommen ein kausaler Zusammenhang besteht oder nicht besteht. Eines steht fest: nach den elterlichen Eigenschaften vermögen wir die Merkmale der Nachkommenschaft sicher vorauszusagen und eben darin liegt der gewaltige heuristische Wert des Mendelismus.

Dies alles ist eine Selbstverblendung. Zunächst muß ausdrücklich darauf hingewiesen werden, daß der heutige Mendelismus auf der Annahme eines kausalen Zusammenhanges zwischen den Eigenschaften der Eltern und denjenigen der Nachkommen wesentlich beruht, obwohl es prinzipiell einer solchen Annahme nicht bedarf. Und eben hier liegt seine schwache Seite. Im mendelistischen Gedankengange hat die Forschung ein bequemes Prinzip erblickt, welches schon an und für sich in jedem gegebenen Falle eine ausreichende Erklärung der Erscheinungen bietet.

---

[1]) [Von der Vortäuschung von Vererbung durch die Parallelinduktion Dettos und die wahrscheinlichere bigermplasmatische Parallelinduktion Rouxs (79h) ist hier abgesehen.]

Mit nichten ist das aber der Fall. Es ist gewiß eine leichte und dankbare Aufgabe, Kreuzungen an allen vorhandenen Organismen in allen möglichen Kombinationen vorzunehmen, die Eigenschaften der Nachkommen aus Tabellen zu berechnen und Handbücher mit Resultaten auszufüllen. Viel weniger anziehend ist die kausale Erforschung der Kreuzungsresultate und die Untersuchung der methodologischen Seite des Problems. Diese Fragen sind auch fast unberührt geblieben. Die Gesamtforschung unterliegt denselben psychologischen Gesetzen, wie die Denktätigkeit eines Einzelnen. In unserem Denkprozesse aber haben wir nur selten mit einer Assoziation der Ideen nach deren wesentlichem Zusammenhange zu tun; gewöhnlich assoziieren wir nach äußeren Ähnlichkeiten, oder nach dem zufälligen zeitlichen bzw. örtlichen Zusammenfinden. Allzubald hat man vergessen, zu welchem Zwecke die Kreuzungen überhaupt vorgenommen wurden und angenommen, daß dieselben schon durch sich selbst gerechtfertigt sind. Das war übrigens kein neuer Schluß. Denn dasselbe geschah mit dem Darwinismus, wo die Selektionisten, anstatt die geniale gesunde Idee Darwins weiter auszubilden und nach Ursachen der Variation zu forschen, jede Anpassung durch eine ad hoc ersonnene Zweckmäßigkeit zu erklären suchten. Dasselbe wiederholte sich in der Embryologie, wo jede Struktur auf das biogenetische Grundgesetz, als vollkommen genügende Erklärung zurückgeführt wurde, obwohl dieses Gesetz erst recht einer Erklärung bedarf. Dasselbe haben wir unlängst in den Chromosomen-, Mitochondrien-, Spermatogeneselehren gesehen, wo man die endlose Anhäufung von Tatsachen zum Selbstzwecke proklamiert hat. Und dasselbe geschieht heute vor unseren Augen im Mendelismus. Es wurde oft genug und leider mit Recht gesagt, daß der Darwinismus die Entwicklung der Biologie auf fünfzig Jahre aufgehalten hat. Nach dreißig Jahren wird man dasselbe vom Mendelismus behaupten können. Man sagt uns, daß die Eltern und Nachkommen einen hohen heuristischen Wert besitzen, weil sie uns zur Erkenntnis „neuer" Tatsachen führen. Man behauptet, daß selbst eine unrichtige Ansicht zur wirksamen Arbeitstheorie werden kann, wenn sie erst durch „neue" Tatsachen widerlegt werden muß. Es ist jedoch eine irrtümliche Annahme, daß die Tatsachen nur neu zu sein brauchen, um einen wissenschaftlichen Wert zu erlangen. Angenommen, jemand habe eine neue, ungemein einfache und genaue

Methode zur Bestimmung der Oberflächenspannung ersonnen. Physiker und Chemiker werden dieselbe zur Kenntnis nehmen, um davon im Falle der Notwendigkeit einen guten Gebrauch zu machen. Die Biologen dagegen würden sich sofort darauf stürzen und die Oberflächenspannung sämtlicher vorhandenen Flüssigkeiten, in allen möglichen Konzentrationen, unter verschiedenen Temperatur- und Druckverhältnissen usw. bestimmen. Gewiß wird dadurch ein gewaltiges Material an neuen Tatsachen gesammelt; immerhin erhebt sich die berechtigte Frage, ob der Wissenschaft damit wirklich gedient wird. Die Aufgabe der Wissenschaft liegt nicht im Katalogisieren der Natur, sondern in der kausalen Erkenntnis der Erscheinungen. Und eben hier versagt der Mendelismus. Wenn wir etwa nach den Ursachen einer einfachen Dominanz fragen, also eine Aufklärung darüber verlangen, warum die Nachkommen eines farbigen Vaters und albinotischen Mutter in den meisten Fällen durchweg farbig sind, so erhalten wir die Antwort: die Nachkommen sind farbig, weil sie von einem farbigen Vater stammen. Diese konventionelle, provisorische Auffassung der Vererbung ist für den modernen Mendelismus sehr charakteristisch. Nach allem was vorher gesagt wurde, ist aber eine solche Auffassung unhaltbar. Die Nachkommen entwickeln sich nicht aus den farbigen Haaren, sondern aus dem Keimplasma und lediglich in diesem letzteren sind die Ursachen der Vererbung zu suchen. Es gibt auch keine besondere Fähigkeit zur Bildung des gelben oder schwarzen Pigments, und dieselbe wird durch keine Gegenfaktoren in einen latenten Zustand versetzt, sondern es gibt nur eine allgemeine Konstellation der pigmentbildenden Fähigkeiten, die immer, bei jedem Organismus vorhanden ist, und einen bestimmten Reaktionszustand, welcher für das Zustandekommen, Verlauf und Resultat der Reaktion verantwortlich ist. In diesem Falle aber muß sich die ganze mendelistische Auffassung wesentlich verschieben.

Zu den Grundannahmen des Mendelismus gehört in erster Linie diejenige des Erbfaktors, des Gens. Versuchen wir uns darüber eine klare Rechenschaft zu geben, was die moderne Forschung unter einem Gen versteht. Zunächst ist es klar, daß das Gen keine Erbeinheit, sondern eine Entwicklungseinheit darstellt. Es ist eher eine Determinante als Gemmule. Jede Annahme einer Erbeinheit ist im Grunde genommen eine

Art Pangenese, also etwas mit unseren heutigen Kenntnissen ganz Unvereinbares. Wenn wir im Gen den Träger einer bestimmten Eigenschaft erblicken, so müssen wir auch die Frage nach dem Sitz dieses Trägers entscheiden. Eine Erbeinheit mußte aber in demjenigen Körperteil vorhanden sein, welcher bereits die betreffende Eigenschaft besitzt und erst nachträglich könnte sie in das Keimplasma gelangen. Widrigenfalls hätte die Erbeinheit keinen Zweck, weil sie uns die Tatsache der Übertragung der Merkmale nicht zu erklären vermöchte. Die Pangenese hat sich jedoch als vollkommen unhaltbar erwiesen und es besteht kein Zweifel, daß es überhaupt keine Übertragung der fertigen Merkmale durch besondere Träger, sondern nur eine Neubildung derselben aus der lebendigen Substanz gibt. Das Gen erhält somit eine andere Aufgabe: Erklärung der Neuentstehung der Merkmale; es wird zur Entwicklungseinheit. In dieser allgemeinen Fassung können wir uns des Genbegriffes, als einer Abkürzung für gewisse Erscheinungsgruppen, bei Beschreibung der Tatsachen sehr gut bedienen. Die Entwicklungseinheit stellt demnach eine Art Umschreibung der Tatsachen dar, also nicht eine Erklärung, sondern etwas, was noch selbst einer Erklärung bedarf. Aus diesem Grunde führt das Gen, als Ursache der Erscheinung verstanden, nur zu einem Scheinwissen.

Das Gen wird nicht nur als Ursache aufgefaßt: durch das Bestreben, ihm spezifische, nur für Organismen geltende Eigenschaften zuzuschreiben, wird das Gen zur inneren Ursache der Entwicklung. So sagt Plate: „Zum Begriff der Erblichkeit gehört die regelmäßige Wiederkehr eines Merkmals auf Grund innerer Ursachen, nämlich auf Grund des Vorhandenseins derselben Gene", oder „regelmäßige Wiederkehr einer Eigenschaft trotz der verschiedensten äußeren Verhältnisse" (73, S. 11). Diese Unterscheidung zwischen den äußeren und inneren Ursachen ist eine konventionelle, weil ja kaum noch jemand daran zweifelt, daß die Eigenschaften der lebendigen Substanz von den Energien der Außenwelt gar nicht zu trennen sind. Die Form des Plasmatropfens wird durch die Oberflächenspannung, die ihrerseits mit den physikalisch-chemischen Eigenschaften des Mediums eng zusammenhängt, bestimmt. Zum Begriffe des spezifischen Gewichtes des Protoplasmas gehört die Gravitation, also ein äußerer Faktor. Ja, das Leben selbst beruht auf dem ständigen

Austausch der Stoffe mit der Außenwelt. Es sind isolierte energetische Systeme überhaupt nicht vorstellbar und man würde auf größte Schwierigkeiten stoßen, wollte man in jedem konkreten Falle entscheiden, ob die Erscheinung durch äußere oder innere Ursachen hervorgerufen wurde. Wenn wir das Gen allein für die organische Gestaltung verantwortlich machen, so greifen wir zur Annahme, welche unserer gesamten Erfahrung und namentlich den Ergebnissen der Experimentalembryologie widerspricht. Wir sehen, daß jede Veränderung der Entwicklungsbedingungen durch eine ganz bestimmte Veränderung der Formbildung beantwortet wird. Wenn für das Zustandekommen eines Entwicklungsprozesses bestimmte Temperaturgrenzen erforderlich sind, so kehrt der Vorgang nicht wieder „trotz den verschiedenen äußeren Verhältnissen"[1]), weil er bei Überschreitung jener Grenzen ausbleiben würde. Andererseits können die „inneren Ursachen" der Entwicklung beträchtlich variieren, ohne das Entwicklungsresultat zu verändern, so z. B. in den zentrifugierten Echinideneiern. Das Gen ist keine innere Ursache der Entwicklung und keine Ursache überhaupt. Vielmehr sind wir genötigt, das Gen in einem breiteren Sinne zu verstehen. Bei einer breiteren Auffassung verliert jedoch das Gen jede Bestimmtheit. In den älteren Korpuskulartheorien hat man sich wenigstens die Erbeinheiten konkret vorgestellt, etwa in der Form kleiner Kügelchen, welche im Organismus sitzen und die Entwicklung regieren. Das waren noch echte biologische Einheiten. Die moderne Wissenschaft hat derartig „naive" Vorstellungen abgeschafft, weil wir nicht wissen können, was eine Erbeinheit eigentlich ist und weil es viel vorsichtiger ist, sich auf eine breitere Annahme zu beschränken. Alle die Gemmules, Mizellen und Determinanten sind zu bestimmt, um wahrscheinlich zu sein; wir wollen statt dessen den allgemeinen Begriff des Gens einführen, ohne über die nähere Beschaffenheit des letzteren etwas zu präjudizieren. Auf die Art verzichten wir von vornherein darauf, die wahre Natur des Gens aufzuklären und verstehen darunter lediglich eine Ursache, welcher Art auch dieselbe sein mag, welche die Entstehung einer gegebenen Eigenschaft bewirkt. Das ist nun ein anderes Extrem, welches das Gen seiner ganzen Bedeutung beraubt. Denn daß jedes Merkmal

---

[1]) Es ist mir nicht ganz klar, was Plate eigentlich damit gemeint hat.

schließlich durch eine Ursache hervorgerufen wird, das ist ja nicht neu, und das ist eigentlich das einzige, was das Gen zurzeit zu leisten vermag. Außerdem ist es nicht richtig, daß wir zur Erklärung einer Eigenschaft vom entsprechenden Gen ausgehen. Die Richtung ist vielmehr eine umgekehrte, indem wir aus der vorhandenen Eigenschaft auf das Vorhandensein des Gens schließen. In diesem Falle aber besitzt das Gen keine erklärende Bedeutung, weil es mit seiner Erklärung zu spät kommt und, statt die Erscheinung verständlich zu machen, selbst noch einer Erklärung bedarf. Wenn die Lösung des Eisenchlorids durch Zusatz von Rhodan-Ammonium eine rote Färbung annimmt, so sagen wir nicht, daß die Färbung durch ein Rotfärbungsgen hervorgerufen wird, weil eine derartige Erklärung mit einem Verzicht auf jedwede Erklärung gleichbedeutend wäre. Aber wenn man uns sagt, daß die dunkle Farbe auf dem Intensitätsfaktor C, und die lichte auf dem Verdünnungsfaktor D beruht, wogegen die langen Ohren beim Kaninchen durch den Faktor L (= long) und der kurze Schweif durch den Faktor S (= short) hervorgerufen werden, so sind wir vollauf befriedigt und verlangen keine weitere Aufklärung mehr. Es scheint uns auch ganz natürlich, daß man Kreuzungen vornimmt, lediglich zum Zwecke die „Faktoren zu isolieren".

Das Gen ist nicht nur der Repräsentant einer gegebenen Eigenschaft, es ist etwas mehr: es ist Vertreter einer autonomen, von allen übrigen unabhängigen Eigenschaft. Wir sehen im Organismus einen nach den Gesetzen der Wahrscheinlichkeitslehre zusammengestellten Haufen von losen Merkmalen, welche sich vollkommen autonom verhalten. Nachdem die Ontogenese vom entwicklungsbereiten Ei ausgeht, liegt es nahe, diese Merkmale auf ebenso unabhängige Vertreter oder Anlagen im Keimplasma zurückzuprojizieren. Die eine Ansicht schließt die andere in sich, da getrennte Eigenschaften nur durch getrennte Ursachen hervorgerufen werden können. Mag man das Gen noch so präzis und breit definieren, immer liegt diesem Begriffe ein grober Schematismus zugrunde. Für Cuénot war es klar, daß die Farbe durch zwei unabhängige Faktoren hervorgerufen wird; nun wandert bei der Reduktionsteilung das Ferment in eine Zelle, das Chromogen in eine andere und die Erklärung des Kreuzungsresultates liegt fertig vor. Es erweist sich jedoch, daß diese Faktoren gar nicht voneinander unabhängig sind, weil manche Tatsachen dafür zu sprechen scheinen, daß zwischen beiden ein enger ursächlicher Zusammenhang besteht, indem ein Körper die Entstehung des anderen direkt beeinflußt. Wir werden uns darüber nicht zu wundern haben. Der Organismus ist einmal ein Ganzes; er besteht nicht aus einzelnen Eigenschaften, sondern wir unterscheiden bei ihm dieselben. Die Eigenschaft ist dem Organismus als solchem gar nicht immanent, vielmehr ist sie eine Abstraktion, ein Gesichtspunkt, von welchem wir die Organismen beschreiben. Sollte uns gelingen, nur eine Eigenschaft des Goldes zu verändern, z. B. sein spezifisches Gewicht herabzusetzen, so würden wir nicht ein „leichtes Gold", sondern ein ganz anderes Metall mit anderen physikalisch-chemischen Eigenschaften erhalten. Jeder Versuch, den Begriff einer autonomen Eigenschaft zu erweitern, führt uns zu absurden Folgerungen und wenn man die Eigenschaften isoliert und sich dieselben in Gestalt von kleinen Kügelchen, welche sich nach den Gesetzen der Wahrscheinlichkeitslehre auf die Organismen verteilen, vorzustellen sucht, so entbehrt dieses Verfahren jedes naturwissenschaftlichen Sinnes. Das ist aber die Grundannahme des Mendelismus. Und welche sind die Folgen?

Die erste Folge ist, daß wir aus zahllosen Kreuzungen und Erbformeln ganz und gar nichts Positives gewonnen haben. Der Mendelismus operiert mit Fiktionen und bietet uns anstatt eines kausalen Wissens lauter Analogieschlüsse. Wir beobachten die Vererbungserscheinungen bei der Erbse, und da dieselben konstant auftreten, können wir mit gewisser Wahrscheinlichkeit die Resultate auch für die Zukunft voraussagen. Wir sind jedoch immer auf die Möglichkeit oder Wahrscheinlichkeit angewiesen: die Notwendigkeit der Erscheinung kennen wir nicht, weil wir deren Ursachen nicht kennen, weil wir, statt diese Ursachen zu ermitteln, uns damit beschäftigen, das Keimplasma mit immer neuen Faktoren auszustatten. Schon bei Kreuzung verschiedener Rassen der Mäuse, Kaninchen, Ratten und Hühner, also der Tiere, deren Vererbungsverhältnisse unzählige Male beobachtet wurden, treten verschiedenste unerwartete Kreuzungsresultate auf und niemand könnte sicher voraussagen, wie sich eine neue, bisher noch nicht untersuchte Rasse verhalten wird, und ob sie nicht ein paar neuer Faktoren mit sich bringt. Denn es ist einfach nicht wahr, daß wir mit Hilfe der Mendelschen Regeln die

Zusammensetzung der Nachkommenschaft vorausbestimmen können. Erinnern wir uns nur an den Entwicklungsgang des Mendelismus. Nach der Wiederentdeckung der Mendelschen Regeln wurde zunächst die vollkommene Dominanz als die sog. Prävalenzregel zum allgemein gültigen Prinzip proklamiert. Könnte man mit deren Hilfe die Kreuzungsresultate voraussagen? Nein, weil es sich sehr bald herausgestellt hat, daß die Prävalenzregel nur einen vereinzelten Fall darstellt. Wie wir jetzt wissen, können die Bastarde in F^1 intermediär, einseitig, vollkommen dominant oder ganz von den Eltern abweichend beschaffen sein (Kreuzungsnova). Und dabei können ganz nahe verwandte Organismen, ja die verschiedenen Eigenschaften eines und desselben Organismus recht verschiedene Verhältnisse aufweisen. Als typisches Beispiel seien die Untersuchungen von Lang an *Helix* angeführt. Für dieses Mal gelingt also das Voraussagen nicht. Und die Spaltungen? Mendel hat bei zwei Merkmalspaaren die Proportion $9 : 3 : 3 : 1$ gefunden und dieselbe durch vollkommene Dominanz zu erklären gesucht. Und abermals ist das ein Ausnahmefall. Bei der intermediären Vererbung erhalten wir im F^2 die Proportionen $3 : 1 : 3 : 1 : 6 : 2$ bzw. $1 : 2 : 1 : 1 : 2 : 1 : 2 : 4 : 2$; bei Eipistase $12 : 3 : 1$; bei einem Konditional- und einem Erregungsfaktor $9 : 7$; bei zwei gleichsinnigen Faktoren $15 : 1$ usw. usw. Jemandem, der mit Mendelismus nicht vertraut ist, könnte schier der Gedanke aufkommen, es liege hier überhaupt keine Regelmäßigkeit vor. Wie soll man da die Resultate voraussagen, wenn wir von Fall zu Fall immer auf neue „Unregelmäßigkeiten" stoßen?

Die Tendenz, aus der Beschaffenheit der Nachkommenschaft auf die genotypische Zusammensetzung des Keimplasmas zu schließen, bildet die Seele des Mendelismus, lesen wir bei einem hervorragenden Mendelisten. Eben das ist aber sein wunder Punkt. Denn was nützt uns unsere Kenntnis der Zusammensetzung des Keimplasmas, wenn wir schon die Resultate dieser Zusammensetzung vor unseren Augen haben? Der Wert einer Theorie liegt darin, daß sie uns verhilft die Erscheinungen von einem einheitlichen Gesichtspunkt zu betrachten; wenn wir aber die Theorie erst aus den Tatsachen, welche gerade durch die Theorie erklärt werden sollten, ableiten und wenn diese Theorie durch jede neue Tatsache ergänzt und modifiziert werden muß, dann wird sie nur zum Ballast. Ein Albino besitze potentiell die Fähigkeit zur Pigmentbildung, aber diese Fähigkeit sei durch einen Hemmungsfaktor hintangehalten. Aber wie, wenn zwei albinotische Eltern gefärbte Nachkommenschaft erzeugen? Dieses Resultat könnte nicht durch die Theorie vorausgesagt werden, es war eine neue, unerwartete Tatsache, aus welcher wir nun die weiteren Einzelheiten der Theorie abzuleiten haben. Jeder Elter besitze nur die halbe Fähigkeit, und erst nach Befruchtung tritt eine Summierung der Hälften zu einer Einheit ein. Diese Ansicht stellt einen sehr groben Schematismus dar. Bei der Befruchtung findet nicht nur eine physikalische Mischung der Stoffe statt, sondern diese Stoffe reagieren miteinander und können etwas in bezug auf die Komponenten ganz Neues erzeugen. Das Auftreten einer neuen Eigenschaft bei Nachkommen ist nicht immer auf den Atavismus zurückzuführen, weil in diesem Falle die Evolution kaum möglich wäre, sondern auf gewisse Vorgänge im Ei, welche die chemisch-physiologische Forschung zu ermitteln hat. Vom Mendelismus werden derartige Fragen nur umgangen. Im befruchteten Ei haben wir ein einheitliches Gebilde vor uns, welches auf alle Einwirkungen nur als Ganzes zu reagieren vermag und welches ein bestimmtes Entwicklungsresultat dank seinen eigenen Stoffen und Energien liefert. Unsere Bemühungen sollen eben auf die Erkenntnis dieser Energien gerichtet sein. Indem man die Merkmale des Organismus auf entsprechende Anlagen im Keimplasma zurückführt, verlegt man das Problem ohne die eigentliche Frage wesentlich zu verändern in ein Gebiet, welches der Forschung nicht mehr zugänglich ist. Die Struktur des Organismus liegt vor unseren Augen, aber die Metastruktur des Plasmas wird uns für immer verborgen bleiben.

Von konventionellen Voraussetzungen ausgegangen, bleibt der Mendelismus notwendigerweise an Begriffe gebunden. Es ist durchaus unrichtig, daß der Mendelismus mit Tatsachen operiert. Er hat vielmehr nur mit Zahlen zu tun. Man weiß genau, welcher Gefahr man entgegenläuft, wenn man die Resultate eines biologischen Versuches Mathematikern zur Bearbeitung übergibt. Möge man sich an die Anthropometrie und die Geschlechtsbestimmung erinnern. Den Mathematiker interessieren nur Zahlen als solche, nicht aber deren Ursprung. Der Physiologe dagegen hat eine andere Aufgabe: er hat zu untersuchen, ob die genommenen Merkmale wirklich meristische Größen sind. Und darüber kümmern sich unsere Mendelisten am wenigsten. Dennoch bleibt noch die Frage offen, ob wir zurzeit in der Biologie meristische Größen angeben könnten. Freilich kann man bei einer gleitenden Farbenskala bestimmte Intensitätskategorien aufstellen und das Kontinuierliche durch das Meristische ersetzen; dieses Verfahren berechtigt uns dennoch keineswegs zum Schlusse, daß wir wirklich die Erscheinung untersuchen. Ist die Anzahl der Zähne auf dem Kiefer einer *Nereis* ein meristisches Merkmal? Nur in der Theorie. Wenn wir aber einen Kiefer mit unseren Augen sehen, erkennen wir sofort, daß wir nicht genau angeben können, wieviel Zähne er wirklich besitzt. Denn die Zähne sind verschiedener Größe und die kleinsten von ihnen haben die Gestalt kaum unterscheidbarer Unebenheiten, welche kontinuierlich in den ebenen Rand des Kiefers übergehen. Ist die Anzahl der Finger an unserer Hand ein meristisches Merkmal? Embryologisch nicht. Sobald wir jeden Finger auf eine entsprechende Anlage zurückführen wollen und uns das betreffende Stadium unter dem Mikroskop ansehen, erkennen wir, daß alle Finger von einer gemeinsamen Anlage stammen, welcher nicht anzusehen ist, ob sie fünf oder sechs Finger erzeugen wird. Aus diesem Beispiel sehen wir klar, wie wenig alle mendelistischen Faktoren zur Kenntnis der Entwicklung beigetragen haben. Wenn wir das erwähnte Stadium fixieren, berauben wir uns der Möglichkeit, etwas darüber auszusagen, wieviel Finger die Anlage hervorgebracht haben würde, falls sie sich weiter entwickelte. Der Mendelismus kümmert sich aber gar nicht um die Ursachen. Für ihn ist die endgültige Fingeranzahl die Grundtatsache, aus welcher wir dann die entsprechende Anzahl von Faktoren und Anlagen ermitteln. Es sind sechs Finger erschienen, weil im Embryo ein Sechsfingerfaktor vorhanden war. Für den kausalen Embryologen ist es jedoch klar, daß es keine besonderen Fingerfaktoren, die nach dem Resultat beurteilt werden müssen, gibt, sondern eine entwicklungsfähige Substanz und Entwicklungsbedingungen, welche das jeweilige Resultat bestimmen.

Es war schon von vornherein zu erwarten, daß die mendelistischen Faktoren und Zahlenergebnisse nur einem sehr begrenzten Tatsachenkreise entsprechen können. Wir sehen auch in der Tat, wie sich die Theorie von Fall zu Fall verändern muß, um den Kreuzungsresultaten gerecht zu bleiben. Dabei ist ein allgemeines Verfahren üblich. Wenn die

Theorie der Erscheinung widerspricht, so macht man eine entsprechende Hilfsannahme. Das Merkmal ist nicht meristisch und läßt sich nicht in die Kreuzungstabellen hineinzwingen: man schafft Klassen und Kategorien. Mendel kannte nur Erregungsfaktoren: seine Epigonen haben Transmutatoren, Konditional-, Verteilungs-, Intensitäts- usw. Faktoren ausfindig gemacht. Man erwartet eine Eigenschaft, und dieselbe tritt nicht auf: man nimmt einfach einen Hemmungsfaktor an. Es ist nur ein Faktor vorhanden und dennoch tritt die Spaltung ein: man nimmt an, daß sich die An- und Abwesenheit des Faktors als ein allelomorphes Paar verhalten. Ein Faktor genügt nicht, um Abstufungen des Merkmals zu erklären: dazu ist das Prinzip von Nilsson Ehle da. Da bewahrheitet sich das weise Wort Johannes Müllers: zugunsten einer voreingenommenen Meinung experimentiert man so lange, bis sich die Theorie mit der Erfahrung deckt. Das ist tatsächlich in vielen Fällen möglich, woraus die Wahrscheinlichkeit der Meinung noch nicht notwendigerweise folgt. Und sieht man denn nicht ein, daß die Theorie schon dadurch hinfällig wird, weil sie zuviel erklärt? Ich bitte, mir ein solches Zahlenverhältnis vorzulegen, ganz unabhängig davon, ob es wirklich beobachtet wurde, welches aus der Faktorentheorie bei entsprechenden Hilfsannahmen nicht abzuleiten wäre. Man braucht ja mit Faktoren gar keine Umstände zu machen und es ist ein leichtes Spiel, eine Konstellation derselben auszuklügeln, welche eine Erscheinung, die in der Natur niemals vorkommt, auf das beste zu erklären vermochte. Ich kann mir auch einen erfahrenen Mendelisten, welcher durch ein ungewöhnliches Zahlenverhältnis in Verlegenheit gebracht wäre, gar nicht vorstellen.

Der Mendelismus verhilft uns nicht, die Notwendigkeit der Erscheinungen zu erkennen, weil er mit deren Ursachen nichts zu tun haben will. Wenn wir im Wege der Kreuzungen und Faktorenspielerei die Biologie zur exakten Wissenschaft erheben wollen und wenn wir in den Buchstaben E, C, J u. dgl. eine Analogie mit chemischen Formeln erblicken, so ist das eine merkwürdige Selbstverblendung. Mendelismus hat das Schlagwort „Vererbungsforschung" auf seine Fahne geschrieben und verkannt, daß wir in der Vererbung mit einem Scheinproblem zu tun haben, und daß die Aufgabe der positiven Wissenschaft in der Erforschung der

Ontogenese liegt. Erst wenn wir die Entstehung einer Eigenschaft aus der entwicklungsfähigen Substanz Schritt für Schritt verfolgen und die physikalisch-chemischen Bedingungen der Entwicklung genau untersuchen, dann wird die Biologie zur exakten Wissenschaft. Nur in diesem Falle werden wir die Notwendigkeit der Erscheinungen erkennen und nur dann werden wir imstande sein, dieselben sicher vorauszusagen. Erst wenn man einsieht, daß die Merkmale des fertigen Organismus nicht durch irgendwelche unabhängige „Faktoren" aus besonderen „Anlagen" erzeugt werden, sondern in allgemeiner physikalisch-chemischen Konstitution der kontinuierlichen lebendigen Substanz ihren Ursprung haben, wird man zum Schlusse kommen müssen, daß die Kreuzungsresultate und Merkmalsspaltungen nur eine sekundäre, sehr untergeordnete Rolle spielen und daß deren Erklärung sich von selbst ergibt, sobald wir die Ursachen der Entstehung der Eigenschaften überhaupt erkennen. Es gibt keine Verdünnungs- und Intensitätsfaktoren, sondern eine allgemeine Fähigkeit der lebendigen Substanz pigmentbildende Stoffe zu erzeugen, und bestimmte Entwicklungsbedingungen, welche diese Fähigkeit leiten. Wenn aber die Forschung zur Analyse der Eigenschaften der lebendigen Substanz in ihre Abhängigkeit von Einwirkungen übergeht, verliert der Mendelismus als solcher seinen raison d'être. Denn wir brauchen keinen Mendelismus und keine Vererbung. Wir brauchen die Entwicklungsmechanik, die „kausal-analytische" Erforschung der Ontogenese.

V.

Embryogenese als Formproblem.

Nach der in der modernen Biologie allgemein angenommenen Ansicht, zerfällt die Ontogenese in eine Reihe scharf definierbarer Formen, deren Genese die Embryologie zu ermitteln hat. Eine Imago stammt von der Larve, die Larve von der Blastula, jedes Organ des Embryo von einer bestimmten Zelle bzw. Zellengruppe, mit einem Worte kann jede Form auf irgendeine andere Form schließlich zurückgeführt werden, und die Ontogenese weist eine Formkontinuität auf. Omnis cellula e cellula. Dieser

Satz ist derart zum Gemeingut der Wissenschaft geworden, daß es fast einer Ketzerei gleichkäme, wollte man an dessen Richtigkeit zweifeln. Versuchen wir jedoch die Begriffe zu präzisieren.

Zunächst ist es klar, daß die Form in der Embryologie nicht im philosophischen Sinne des Wortes verstanden wird. Sie ist für uns keine aprioristische Kategorie, sondern ein konkretes Gebilde, wie Zelle, Organ, Larve, Imago, überhaupt etwas, was anatomisch, histologisch oder organologisch definiert werden kann.

In jeder Ontogenese beobachten wir eine konstante Erscheinungskette, eine konstante Reihe von Formen, und es lag nahe, die zeitlich späteren Formen auf die zeitlich früheren ursächlich zu beziehen, woraus sich die Tendenz ergibt, in diesem vermutlichen Zusammenhange eine genügende Erklärung der Ontogenese zu erblicken.

So unzweideutig diese Auffassung auch erscheinen mag, liegt ihr jedoch eine gewisse Begriffsunklarheit zugrunde. Denn es ist ein Irrtum, die Form als einen wirkenden Faktor, als Ursache der Erscheinungen zu bezeichnen. Die Form erkennen wir im Raume, die Wirkung, die Kausalität dagegen ist uns nur in der Zeit gegeben. Die Form als solche ist etwas durchaus Passives: sie ist nur ein Ausdruck des Zustandes der Substanz im gegebenen Augenblicke, wobei wir die Substanz nicht als Materie, sondern in einem viel breiteren Sinne, als Träger bestimmter Eigenschaften zu verstehen haben. Die Form vermag nichts zu bestimmen und nichts zu bewirken, ebensowenig wie die Höhe der Quecksilbersäule eines am Dampfkessel angebrachten Thermometers die Temperatur des Dampfes zu beeinflussen imstande ist. Aus diesem Grunde sehen wir ein, daß jeder Versuch, eine kausale Formkontinuität anzunehmen, auf einer Verwechslung der Geometrie mit Physik beruht.

Wenn ich einem Wassertropfen einen Teil vermittelst des Glasstabes entnehme, so rundet sich die entnommene Flüssigkeit zum kleinen Tropfen ab. Sie tut das aber nicht, weil sie von einem runden Tropfen stammt, sondern weil den beiden Tropfen eine und dieselbe Substanz, Träger bestimmter physikalischen Eigenschaften (Oberflächenspannung) zugrunde liegt.

Man könnte behaupten, daß das Chlornatrium aus dem Grunde in Hexaedern kristallisiert, weil ja schließlich jeder Kristall aus einer

Mutterlösung gebildet wird, welche ihrerseits eine Verbindung derselben hexaedrischen Kristalle mit Wasser darstellt. Damit ist aber die ursächliche Formkontinuität gegeben. Jedoch als die Temperatur der Erde unter die Dissoziationstemperatur des Chlornatriums gesunken war, wurde dies letztere durch direkte Verbindung von Atomen, und zwar zunächst in Gestalt eines Dampfes, gebildet. Erst viel später könnte das Kochsalz in fester Form erscheinen. Man sieht also, daß der Vorläufer des „ersten Chlornatriumkristalls" nicht ein Hexaeder, sondern das Chlornatrium als Substanz, als Träger kristallbildender Eigenschaften war. Die hexaedrische Form ist nur ein äußerer Ausdruck für den Zustand der Substanz im gegebenen Augenblick, und da die Substanz dieselbe ist, bleiben auch die daraus entstehenden Formen die nämlichen.

Nun, der Satz: omnis cellula e cellula gehört auch hierher, mit dem Unterschiede allerdings, daß hier nicht einmal die Form eine konstante ist. Nur sehr kurze Zeit nach ihrer Entdeckung hat die Zelle, als ein morphologischer Begriff, eine konstante Form beibehalten, indem man sofort erkannte, daß die Bausteine des Organismus fast unendlich mannigfaltig sein können. Bei unserem heutigen Stand der Kenntnisse ist es nicht so leicht zu entscheiden, was man unter einer Zelle zu verstehen hat. Nehmen wir an, die runde Form, der Kern, das Protoplasma, die Eimembranen, der Dotter usw. alles dies gehöre zur Definition der Eizelle. Wenn sich aber das Ei in zwei Tochterzellen teilt, warum bezeichnen wir diese abermals als „Zellen"? Die runde Form haben sie schon eingebüßt. In der weiteren Entwicklung wird unsere Definition nach und nach ihrer sämtlichen Bestandteile beraubt. Der Dotter wird aufgebraucht, die Eimembranen und Mitochondrien verschwinden, die Beschaffenheit des Protoplasmas wird ganz abgeändert, die Form kann eine beliebige werden. Die Teilungsprodukte werden dennoch immer als Zellen bezeichnet. Diese „Zellen" können ihren Kern und ihr Protoplasma einbüßen, wie die Erythrozyten der Warmblüter, sie können gänzlich absterben und nur eine Zellulosemembran hinterlassen, wie die Holzzellen und dennoch heißen sie Zellen. Morphologisch läßt sich die Zelle gar nicht definieren und der oben zitierte Satz hat eigentlich keinen Inhalt. Es leuchtet auch ein, daß die ontogenetischen Formen durch die formlose Substanz erzeugt werden, daß also die Embryologie nicht ein Formproblem, sondern ein Problem der Substanz darstellt.

Diese Erkenntnis ist von prinzipieller Bedeutung. Die kontinuierliche lebendige Substanz tritt, je nach ihrer augenblicklichen Beschaffenheit, in verschiedenen Formen auf, von welchen wir konventionell die einen als Zellen, die anderen als Organe, Merkmale, Larven usw. bezeichnen. Es gibt für uns keine „Zelle", sondern immer nur verschiedene Zellen, von welchen jede für sich definiert werden muß. Folglich stammt die Form nicht von der anderen Form, sondern beide wurden aus der formlosen Substanz einzeln, jede für sich, erzeugt.

Hieraus folgt übrigens nicht, daß man den Formbegriff in der Embryologie abschaffen sollte. Mit Hilfe des Thermometers können wir sehr bequem die Tätigkeit des Dampfkessels überwachen, obwohl uns die Quecksilbersäule weder von den Ursachen der Temperaturschwankungen etwas aussagt, noch uns das Mittel in die Hand gibt, diese Schwankungen anders als durch Analogie vorauszusagen. Genau dieselbe Rolle spielt die Form in der Embryologie. Mit deren Hilfe können wir sehr bequem die Erscheinungen beschreiben, klassifizieren und in unsere Handbücher aufnehmen, aber niemals dürfen wir hoffen, je auf diesem Wege zur „kausal-analytischen" Erkenntnis der Ontogenese zu gelangen.

Es ist ein interessantes Schauspiel, wie in der Geschichte der Embryologie immer stärkere, obwohl vollkommen unbewußte Tendenz hervortritt, sich vom störenden Formbegriff zu emanzipieren und wie neben ganz richtigen Auffassungen und Forderungen die alte voreingenommene Idee der Formkontinuität immer wiederkommt. Evolution unter der Einwirkung eines hemmenden Faktors, könnte man das bezeichnen.

Für einen Albrecht Haller war die Sache einfach. Jede organische Form sei schon im Ei im fertigen Zustande vorhanden, sie brauche sich nur zu „entwickeln". Das war jedenfalls die konsequenteste Vorstellung einer Formkontinuität. Die Theorie war jedoch zu naiv. Man hat das Mikroskop zur Hand genommen und man hat sich überzeugt, daß das Ei keine zukünftigen Formen beherbergt und daß die Theorie jeder Erfahrung widerspricht. Aber diese epochemachende Erkenntnis erweist sich als unvermögend, die Hallersche Idee vollständig zu widerlegen. Diese Idee lebt noch in unseren Tagen. Wenn auch die neuen Tatsachen, insbesondere die Ergebnisse der experimentellen Forschung, alle entschieden gegen die Formkontinuität sprechen, so folgen die Theorien viel langsamer nach und es lassen sich die Spuren der alten Ansichten selbst bei modernsten Forschern nachweisen.

Wenn wir die Ontogenese zurück, also von der Imago zum Ei verfolgen, sehen wir eine stetige Vereinfachung der Formen. Das ist eine Tatsache. Andererseits wird mit allem Nachdruck die ursächliche Kontinuierlichkeit der Form hervorgehoben. Beide Postulate widersprechen sich aber, und um sie gewissermaßen in Einklang zu bringen, mußte der Weg des Kompromisses eingeschlagen werden. Wohl stammt jede Form schließlich von einer anderen Form, aber die zeitlich früheren Formen seien viel einfacher als die späteren und teilweise werden die Formen in der Ontogenese neu gebildet. Es ist im Ei nichts Sichtbares vorhanden, was allen den Biophoren, Mizellen, Pangenen und Plastidulen entspräche — das ist die Beobachtung, aber wir sind doch gezwungen eine „Metastruktur" des Plasmas [(Roux)] anzunehmen — das ist die voreingenommene Idee der Formkontinuität. Den alten Ansichten gegenüber bildet der neue Evolutionismus einen wesentlichen Fortschritt, weil er eine Komplizierung der Formen, also ihre teilweise Neuerzeugung aus der ganz anders beschaffenen Substanz, zugibt. Weismann bezieht sämtliche Blutkörperchen auf eine einzige Determinante und nimmt überhaupt eine viel geringere Anzahl Determinanten als Körperteile des fertigen Organismus an.

Allen Korpuskulartheorien der Entwicklung gegenüber wurde von Wilhelm Roux die bahnbrechende Forderung nach der kausalen Erforschung der Ontogenese aufgestellt. Man ist geneigt, sagt Roux, im biogenetischen Grundgesetze eine genügende Erklärung jeder organischen Form im Laufe der Ontogenese zu erblicken, und man verkennt, daß dieses Gesetz lediglich eine beschreibende, historische Aussage darstellt, welche selbst noch einer Erklärung bedarf [(79f, S. 64)]. Die Aufgabe der Embryologie liegt in der Entwicklungsmechanik, in der Erforschung von Ursachen, und zwar von nächsten physikalisch-chemischen Ursachen der Ontogenese. Ohne Zweifel war das in seiner ganzen Einfachheit ein genialer Gedanke, welcher ungewöhnlich viel zu unserer Erkenntnis der Entwicklung beigetragen hat. Die ganze Bedeutung der Entwicklungsmechanik liegt darin, daß sie sich an die Tatsachen, wie sie wirklich in unserer Erfahrung vorliegen, wendet. Die Tatsachen belehren uns aber, daß die Formen aus dem Formlosen entstehen, und die neue Forschungsrichtung übertrug das Hauptgewicht auf die physikalisch-chemischen Bedingungen der Formbildung, suchte somit die organische Form aus den Eigenschaften der lebendigen Substanz abzuleiten. Und doch hat Roux der Präformationsidee das Schuldige gezahlt. Denn in der Mosaiktheorie der Entwicklung, im Begriffe der „unsichtbaren Mannigfaltigkeit", in der Selbstdifferenzierung u. dgl. steckt der alte unverfälschte Evolutionismus. [Andererseits aber vertrat er neben dieser „Neoevolution", als der Umwandlung unsichtbarer oder sichtbarer Mannigfaltigkeit in andersartige und wahrnehmbare ohne Vermehrung der Mannigfaltigkeit zugleich auch das Stattfinden von „Neoepigenesis". Darunter versteht er die Produktion neuer Mannigfaltigkeit durch das „Wirken" vorhandener weniger, sei es unsichtbarer oder sichtbarer Faktoren, also die wirkliche Vermehrung der Mannigfaltigkeit. Die an sich evolutionistische „Selbstdifferenzierung" der Furchungszellen oder anderer Teile entsteht durch abhängige Differenzierung der Unterteile, jedes derselben also durch epigenetisches Wirken derselben aufeinander. Und wenn Roux für die typische Entwicklung des Eies Mosaikarbeit der Furchungszellen vertritt und erwiesen hat, so hat er nach Störung des Typischen durch äußere Einwirkung die Aktivierung von regulatorischen Wirkungen vertreten, welche in differenzierenden Wirkungen dieser Teile aufeinander sich vollziehen, und bei welchen viele verschiedene Teile als regulatorisch gleichwertig, äquipotentiell sich zeigen, die für die typische Entwicklung ungleichwertig sind (79f und h)].

Gegen diese evolutionistischen Vorstellungen hat O. Hertwig den Kampf aufgenommen. Für ihn gilt kein Entwicklungsmosaik und keine präformierte Struktur des Eies. Jeder Teil des Embryos könnte durch einen beliebigen anderen ersetzt werden, ohne das Resultat zu verändern, das Eiprotoplasma kann beliebig umgerührt, die Kerne verstellt werden, ohne den normalen Gang der Ontogenese zu stören. Wird aber dadurch die Präformation abgeschafft? Mit nichten. Hier hat sich einfach die Formkontinuität aus dem isotropen Protoplasma in den anisotropen Kern geflüchtet, um daselbst nach der alten Weise zu walten. Der Kern als Vererbungsträger steht ja mit konsequenter Epigenese im krassen Widerspruch.

Einen bedeutsamen Schritt vorwärts bilden die Arbeiten von Herbst, welcher embryonale Formen aus formbildenden Reizeinwirkungen entstehen läßt, [nachdem Roux dasselbe für postembryonale Bildungen seiner 2. und 3. kausalen Periode der Entwicklung, insbesondere für die Gestaltungen der funktionellen Anpassung getan hatte.] Herbst führte somit die Form abermals auf die physikalisch-chemischen Eigenschaften der Substanz zurück. Den Untersuchungen von Herbst ist es gelungen, einen guten Teil der von Roux aufgestellten Fragen zu beantworten. Die Arme eines Pluteus entstehen durch den Reiz der Kalknadeln auf betreffende Zellen und es ist vollkommen gleichgültig, welche Elemente des Larvenkörpers dem Reize ausgesetzt werden. Alle Zellen besitzen demnach die nämliche Fähigkeit, einen bestimmten Reiz mit einer bestimmten Formbildung zu beantworten. Der Stich einer Gallmücke stellt lediglich einen chemischen Reiz dar und er führt zu einer streng determinierten Formbildung. Ist das Epigenese? Hören wir Herbst selbst: wir sind „nicht imstande nachzuweisen, daß die Zahl der Verschiedenheiten im Anfange der Entwicklung geringer ist, als die Gesamtzahl der im Laufe der Ontogenese stattfindenden Differenzierungsprozesse" (78, S. 117). Das ist wiederum die Formkontinuität, indem jede ontogenetische Form im Ei durch eine bestimmte Struktur vertreten sei und das ist auch genau derselbe Gedankengang, welcher Weismann zu seinen Determinanten führte. Aber wie ist der zitierte Satz mit dem formativen Reize in Einklang zu bringen? Herbst hat seine prinzipiell ganz richtige Idee nicht voll ausgenutzt. Er läßt die Form nicht aus dem isotropen Substrate, sondern aus den schon vorhandenen Strukturen unter dem Einfluß des Reizes entstehen. Die Kalknadeln üben ja ihren Reiz auf die Zellen des Pluteus aus, woraus auf die Anwesenheit unsichtbarer „Zellen" im Eiprotoplasma geschlossen werden kann. Und eben dieser Schluß ist mangelhaft, weil die Zellen keine Ursache der Armbildung darstellen, sondern selbe durch die nämliche Substanz, welche auch die Arme bildet, erzeugt werden.

Ihren Höhepunkt hat schließlich die Epigenese in den Ansichten von Driesch erreicht. Den anderen Forschern gegenüber, Weismann viel-

leicht ausgenommen, hat Driesch seine Ideen konsequent durchgedacht
und alle sich daraus ergebenden Schlüsse gezogen. Driesch betont mit
besonderem Nachdruck die Äquipotentialität der ersten Entwicklungsstadien. Es gilt für ihn keine Präformation, weder in Blastomeren, noch
im Plasma, Kern oder irgendwelchen anderen Formeinheiten. Die
Formkontinuität widerspricht den Tatsachen und das Ei besitzt einen
wesentlich einfacheren Bau als der erwachsene Organismus; die Verschiedenheiten werden erst im Laufe der Ontogenese, im Wege der Aus-
lösung geschaffen. Das sind die Schlüsse eines Naturforschers, welcher
gewohnt ist, die Tatsachen mit scharfer Kritik zu betrachten. Aber nun
tritt das alte Formgespenst hinzu. In der Praxis wird eine jede ontogenetische Form aus einem bestimmten Bezirke des Eies gebildet, wobei
wir das Wort „Bezirk" nicht stofflich, sondern geometrisch zu verstehen
haben. Warum ist denn gerade dieser bestimmte Ort der Larve dazu
prädestiniert, einen Wimperschopf zu bilden? Obwohl an diesem Orte
nichts sichtbares vorhanden ist, worauf man die Bildung des Wimper-
schopfes beziehen könnte und derselbe durch eine örtliche Verkettung
physikalisch-chemischer Ursachen entsteht, aber eben dadurch, dank
der Notwendigkeit seiner Entstehung ist der Schopf an diesem Orte präformiert, indem wir von vornherein sicher vorauszusagen vermögen,
wo und wann er zur Ausbildung gelangen wird. Die Ursache der Entstehung einer Form liegt in der Entelechie, in der prospektiven Potenz
des betreffenden formbildenden Elementes. „Man könnte natürlich
‚Ursache' eines spezifischen Vorganges auch denjenigen Faktor nennen,
von dem eben seine Spezifität abhängt: dieser Faktor ist bei Formbildungs-
vorgängen natürlich die prospektive Potenz" (28, S. 59). Mit anderen
Worten: ich, als Naturforscher, sehe gut ein, daß am gegebenen Orte des
Keimes gar nichts vorhanden ist, worauf man die Entstehung eines Gebildes beziehen könnte, aber ich weiß von vornherein, daß die Form
durch irgend etwas Spezifisches vertreten sein muß. Um diese voreingenommene Meinung aufrecht zu erhalten und zugleich die Erfahrung
nicht zu vergewaltigen, bleibt Driesch nichts anderes übrig, als die „Anlagen" der organischen Formen in ein extrakausales Gebiet zu übertragen.
„In der gegebenen prospektiven Potenz steckt ein evolutionistischer
Charakterzug der Formbildung" (28, S. 102). Driesch und Weismann

sind von derselben Idee der Formkontinuität ausgegangen und zu gerade
entgegengesetzten Schlüssen gekommen. Und wenn diese Schlüsse
sich als mangelhaft erweisen, so liegt die Ursache davon nicht in einem
fehlerhaften Gedankengange — denn die beiden Klassiker unserer Wissenschaft haben mit bewunderungswürdiger Konsequenz ihre Ideen aus-
gesponnen, sondern in der unrichtigen Voraussetzung. Die Determinanten und der Vitalismus sind notwendige Folgen der Formkontinuität,
aber die Fragestellung: entweder Präformation oder Vitalismus[1]) und
tertia non datur ist eine irrtümliche. Es ist hier noch ein anderer Weg
möglich, derjenige der konsequenten Epigenese. Geben wir einmal den
veralteten Formbegriff bewußt auf und die Tatsachen erscheinen in
neuem Lichte. Die Form muß nicht durch eine andere Form bestimmt
werden: sie entsteht aus der formlosen Substanz als Ausdruck deren
momentaner physikalisch-chemischer Beschaffenheit. Ein Kristall
wird durch keine Formen in der Lösung vertreten und die Tatsache, daß
wir aus einem Stück Holz unendlich viele Gegenstände verfertigen können
berechtigt uns nicht, diese Gegenstände auf die prospektiven Potenzen
des Holzes zu beziehen. Zwischen den Formen besteht kein kausaler,
sondern nur ein teleologischer Zusammenhang, indem wir jede Form auf
die Substanz zeitlich zurückprojizieren müssen. Für Driesch folgt
daraus der Vitalismus, für uns nur die Notwendigkeit, die Form als Ursache der Erscheinungen zu verwerfen.

VI.

Ontogenetische Begriffe.

Das Bestreben, die Idee der Formkontinuität konkret zu begründen,
schließt das Bemühen in sich, die mannigfaltigen Bestandteile des Organismus auf irgendwelche morphologisch definierbare Gebilde des Keimes
zu beziehen. Und da richtet sich unser Augenmerk zunächst auf die
Zellen.

Zelle. Schließlich hat ja jeder Teil des Organismus in der Zelle seinen
Anfang und nachdem die Blastomeren zeitlich früher als die Organe auf-

---

[1]) So drückt sich neuerdings Flaskämper aus.

treten, wobei zwischen einem gegebenen Blastomer und dem entsprechenden Organ eine kontinuierliche Formenreihe besteht, lag es nahe, einen ursächlichen Zusammenhang zwischen beiden anzunehmen. Dieser Gedankengang erweist sich jedoch zu schematisch. Wie bereits hervorgehoben, hat der Zellenbegriff nur eine konventionelle Bedeutung, weil wir uns darunter recht' heterogene Gebilde vereinigt denken, für welche es kaum möglich ist, eine allgemein gültige Definition zu geben. Welches sind denn die gemeinsamen Eigenschaften eines Leukozyten und einer quergestreiften Muskelzelle, oder der Korkzelle und der *Stylonychia?* Der moderne Zellbegriff ist durch allmähliche Extrapolierung der alten Vorstellungen, etwa eines Hook, entstanden und man darf wohl behaupten, heute ist nur der Name davon übrig geblieben. Die hoch spezialisierten nichtzellulären Plasmodien, wie die Siphoneen, koloniale Radiolarien, Opalinen, viele Foraminiferen, das Vorhandensein von sog. Synzytien, ferner die Erythrozyten, Fibrillen und Fasern unseres eigenen Körpers, welche durchaus lebendige, selbständig assimilierende und wachsende Gebilde darstellen, der Herzmuskel der Säuger, welcher als eine kontinuierliche Fleischmasse aufgefaßt werden muß, ferner interstitielle Substanzen und Flüssigkeiten des Körpers, alles dies gehört zum Bau des Organismus und alles dies läßt sich mit dem Zellenbegriff gar nicht vereinigen. Schließlich wurden in den Versuchen von Lillie und Godlewski die Zellteilungen im Keime von *Chaetopterus* bzw. *Echinus* durch künstliche Eingriffe hintangehalten, was die normale Differenzierung und Ausbildung der Larvenform nicht gestört hatte. Schon aus diesen Tatsachen läßt sich schließen, daß die Zelle kein notwendiges Bauelement des Körpers darstellt und die lebendige formbildende Substanz nicht in Gestalt von Zellen auftreten muß.

In der Embryologie wird die Autonomie der Zelle hauptsächlich durch die Tatsache der determinativen Entwicklung gestützt. Die glänzenden Untersuchungen von Roux, Whitmann, Conclin, Child, Kofoid, Wilson, Torrey, Treadwell, Eisig u. a., welche in Versuchen von Crampton und abermals von Wilson ihr würdiges Gegenstück gefunden haben, haben die ontogenetische Formkontinuität endgültig bewiesen. Wie das für die biologische Forschung so charakteristisch ist, wurden die neuen Methoden äußerst extensiv in Angriff genommen und erst viel später wurde unsere Aufmerksamkeit auf die Grundlagen der Determination gelenkt. Und da erheben sich mancherlei Bedenken. Wenn zwischen einem Blastomer und dem daraus entstehenden Organ eine kontinuierliche Formenreihe besteht, und daran ist ja gar nicht zu zweifeln, warum ist nicht jede Entwicklung determinativ? Dieselben Argumente gelten für jede Ontogenese und trotzdem bildet die Determination nur einen Ausnahmefall. Das Rätsel löst sich sehr einfach: die Determination ist immer vorhanden, aber die Formkontinuität ist keine kausale, sondern nur eine zeitliche. Die Entwicklung eines gegebenen Individuums, nachdem dieselbe bereits abgelaufen ist, kann als determiniert angesehen werden, indem wir eine Kontinuität zwischen beliebigen zwei Gebilden, welche zeitlich aufeinander folgen, feststellen können, aber dieser Zusammenhang muß nicht immer derselbe sein. [Nach Roux kann bei der regulatorischen Entwicklung, also unter abnormen Verhältnissen, fast jeder Teil abnorme Verwendung finden, und die typische Endform kann dabei in verschiedenen Fällen auf sehr verschiedenem Wege hergestellt werden (79b, S. 93, 1045)]. Aus diesem Grunde können wir nicht das wirkliche Schicksal eines gegebenen Blastomers bei verschiedenen Individuen einer Medusenart voraussagen. Was aus einem Blastomer schließlich wird, das hängt nicht allein von dessen „Potenzen‟ bzw. dessen „Lage im Ganzen‟ ab, denn das sind nur Konventionen, sondern das ist eine Funktion der stofflichen und energetischen Zusammensetzung des Blastomers. Eine kugelförmige Eizelle mit isotropem Protoplasma, welche sich in vier Blastomeren geteilt hat, bietet uns keine Möglichkeit zu entscheiden, welches von diesen Blastomeren dem A und welches dem D entspricht. Es wäre auch zwecklos, darüber zu streiten: sobald sich die Blastomeren vollkommen gleichen, werden sie auch nur dieselbe Leistungsfähigkeit besitzen. Prospektive Bedeutung und prospektive Potenz des Elementes, das sind in concreto keine festen kausalen Begriffe, weil wir dieselben erst nach den vorliegenden Resultaten der Entwicklung beurteilen können. Die Furchung ist ein physikalischer Vorgang und ihre Form wird durch die physikalische Beschaffenheit des Protoplasmas bestimmt. Man möge sich nur an den Einfluß des Dotters erinnern. Folglich stammt die Form des Blastomers, seine relative Lage und die darin enthaltenen Substanzen vom differenzierten Eiprotoplasma ab. Damit sind aber sämtliche Potenzen des Blastomers bestimmt. Das Blastomer ist demnach ein ebenso passives Erzeugnis der lebendigen Substanz, wie jede andere ontogenetische Form und die Annahme eines kausalen Zusammenhanges zwischen Blastomeren und Organen würde uns zu absurden Schlüssen führen. Nach den Angaben unserer embryologischen Lehrbücher sind die Mikromeren eines Seeigelkeimes ein durchaus konstantes, mit ganz bestimmten Potenzen ausgerüstetes Gebilde und sie verleihen der Ontogenese einen deutlich determinativen Charakter. Dennoch führt sich ihre Entstehung nach Driesch einfach auf eine größere lokale Zähigkeit des Eiprotoplasmas zurück. Durch Änderung der Temperatur und Zusammensetzung des Seewassers ist es Driesch gelungen, eine vorzeitige (Stadium 8) Ausbildung der Mikromeren zu veranlassen, bzw. dieselbe gänzlich zu unterdrücken, ohne das endgültige Entwicklungsresultat auch im geringsten zu stören. Die klassischen Fälle der starren, konstanten Entwicklungsart, wie bei Anneliden, Mollusken und Ascidien, dürften sich von den sonst vorkommenden Verhältnissen nur quantitativ unterscheiden. Eine größere Zähigkeit, etwa eine gallertartige Zusammensetzung des Protoplasmas, welches samt den darin enthaltenen und bestimmt verteilten Differenzierungsprodukten aus rein mechanischen Gründen nur eine bestimmte Richtung der Teilungsebenen in bezug auf die Eisubstanzen zuläßt, würde allein schon genügen, die Spezifität der Entwicklung zu erklären. Denn durch die Verteilung der Eisubstanzen auf die Blastomeren werden die Potenzen der letzteren bestimmt. Zur besseren Illustrierung des Gesagten erlaube ich mir, einige gut bekannte Ergebnisse der experimentellen Embryologie kurz in Erinnerung zu bringen.

Roux zerstörte ein Blastomer des zweizelligen Froschkeimes: das unversehrte ergab einen Halbembryo (hemiembryo lateralis). Roux folgerte daraus, daß die Entwicklung des Froscheies [resp. des sich entwickelnden Teiles bei ungestörter, also typischer Entwicklung] eine determinative sei und daß die erste Furche mit der späteren Sagittalebene des Tieres zusammenfalle. Dieser Schluß entspricht vollkommen unseren Vorstellungen der Determination, zumal wir in jedem einzelnen Falle dieselben zwei Argumente ins Feld führen: das konstante Auftreten einer Reihenfolge der Formen im Normalfalle und ein spezifisches Resultat bei experimentellen Eingriffen. [Roux hatte aber auch aus einer der beiden ersten Furchungszellen des Froscheies schon einen ganzen Embryo, aber erst nachträglich durch die von ihm entdeckte Postgeneration sich bilden sehen. Infolge der Störung, also einer äußeren Einwirkung, wurde nachträglich regulatorisch die Potenz zur Ganzbildung in einer anfänglichen Halbbildung aktiviert. (79b).

Der erstere Fall wurde vielfach weiter bearbeitet, und unter etwas verschiedenen Verhältnissen wurden abweichende Resultate gewonnen.] O. Hertwig erhielt nach Anstich der Froscheier im Zweizellenstadium [(wie vorher anfangs auch Roux, infolge nicht vollkommener Tötung der angestochenen Zelle, 79b, S. 941)] statt Halbbildung fast vollkommene Ganzbildungen.

Wichtige Aufklärungen brachten die Versuche O. Schultzes. Dieser preßte ungefurchte Froscheier zwischen zwei horizontalen Glasplatten und drehte dieselben gleich nach der ersten Furchungsteilung um. Die pigmentierten Plasmateile flossen nach oben, der schwere Dotter nach unten; da aber die Furchung ziemlich rasch vor sich geht, hatten die zähen halbflüssigen Eisubstanzen nicht genügende Zeit ihre endgültige Lage nach der Schwerkraft anzunehmen, es entstanden Unregelmäßigkeiten in der Verteilung der Stoffe auf die beiden Blastomeren und ein Teil der Eier ergab Doppellarven. In den Versuchen von O. Hertwig drehten sich die operierten Eier stets mit dem unversehrten Blastomer nach oben, woraus sich der Unterschied ergibt. Dies wurde übrigens von Morgan direkt nachgewiesen. Morgan drehte einen Teil der operierten Eier um, den anderen dagegen beließ er in seiner ursprünglichen Lage: die ersteren ergaben ganze, die zweiten halbe Embryonen. Schließlich wiederholte Moszkowski die Versuche von O. Schultze bei niedriger Temperatur: die Entwicklung wurde stark verlangsamt, die Eisubstanzen hatten Zeit, sich nach der Schwerkraft ganz umzulagern und es resultierten durchweg normale Larven.

Also, ist die Entwicklung des Frosches eine determinierte? In allen angeführten Versuchen wurden dieselben zwei Blastomeren erzeugt und dennoch waren die Endresultate sehr verschieden. Mit anderen Worten, es läßt sich die Lage der ersten Furchungsebene, in bezug auf die Eisubstanzen, experimentell abändern, was eine Verschiedenheit der

Ergebnisse zur Folge hat. Dadurch werden die Substanzen verschieden auf die Blastomeren verteilt und es liegt auf der Hand, daß ein Blastomer erst dadurch zur „Anlage" eines bestimmten Körperteiles wird, daß es die dazu nötigen Substanzen enthält. Die Entwicklung ist eine determinative, sie ist aber physikalisch und nicht geometrisch determiniert [und es muß, wie Roux betont hat, jede äußere alterierende und dadurch determinierende Einwirkung in Rechnung gestellt werden (79f, S. 322)].

Aber auch ohne irgendwelche [ändernd wirkenden und daher Reaktion veranlassenden] Experimentaleingriffe, [rein durch Anwendung des „deskriptiven Experimentes" (Roux 79d, S.21)] gewannen wir neuen Einblick in dieselben Tatsachen. Kopsch hat auf photographischem Wege und Spemann durch Anlegen einer feinen Haarschlinge, als Landmarke, auf die erste Furche des Tritoneies gezeigt, daß die Lage dieser Furche, in bezug auf die zukünftigen Symmetrieverhältnisse des Embryo eine verschiedene sein kann. Nach Spemann entspricht die erste Teilungsfurche entweder der späteren Sagittalebene, oder aber sie trennt die dorsale Seite des Körpers von der ventralen. Können wir die Blastomeren dieser beiden Fälle miteinander homologisieren? Nach ihrem wirklichen Schicksal offenbar nicht. Wohl aber nach der Form, woraus sich ohne weiteres die abstrakte Natur der Form ergibt. Blastomeren als Formen haben mit den Entwicklungsresultaten nichts zu tun: sie selbst werden durch dieselbe Substanz erzeugt, welche den ganzen Entwicklungsgang bestimmt.

Bei der typischen determinativen Entwicklung ergeben die Versuche dieselben Resultate. Durch Anwendung des Druckes auf die Eier von *Ciona* und *Nereis* erzielte Morgan eine Veränderung der normalen Reihenfolge der Furchen und beobachtete Entwicklungsstörungen nur in den Fällen, in welchen die Eisubstanzen sich abnorm auf die Blastomeren verteilten. Der auf unbefruchtete Eier von *Ciona* bis zur ersten Furche ausgeübte Druck hat keinen wahrnehmbaren Einfluß auf den Entwicklungsgang. Wenn aber die Eier vor der ersten Furche dem Drucke ausgesetzt und gleich nach der ersten Teilung von demselben befreit werden, so fällt die erste Furche nur selten mit der normalen Richtung zusammen (sie orientiert sich, nach Roux, Pflüger, senkrecht zur

drückenden Fläche), und man erhält danach unter Umständen Mißbildungen. Wie man weiß, sind die verschiedenen Substanzen des befruchteten Ascidieneies bilateral-symmetrisch angeordnet und ihre Anordnung
bestimmt die Lage der ersten Furche. Im Experimentalfalle dagegen
wird diese Lage durch äußere in bezug auf die Entwicklung zufällige Einwirkung aufgezwungen, was zur verschiedenen Verteilung der Substanzen
auf die Blastomeren führt. Und doch erhalten wir in jedem Einzelfalle
geometrisch immer dieselben zwei Blastomeren. Es liegt also auf der
Hand, daß ein Blastomer erst durch Anwesenheit bestimmter Stoffe zur
,,Anlage" eines bestimmten Körperteils wird. Ähnlich liegen die Verhältnisse für *Nereis* und, nach Angabe von Morgans Schülerinnen P. H.
Dederer und E. N. Browne, für *Cerebratulus* bzw. *Cumingia* vor.

Eisubstanzen. Die mannigfaltigen Stoffe, deren Anwesenheit im
Ei und in Blastomeren für den Entwicklungsverlauf maßgebend ist,
müssen ebenfalls substantiell und nicht als eine Form aufgefaßt werden.
Jede Substanz tritt, je nach ihrer momentanen Beschaffenheit, in einer
bestimmten Form auf, aber diese Form, mag sie Zelle, Kern, oder Pigment heißen, ist ein Erzeugnis und keine Ursache der Erscheinung. Aus
diesem Grunde muß der Versuch einen direkten Zusammenhang zwischen
den Körperteilen des Organismus und den sichtbaren Differenzierungsprodukten der lebendigen Substanz, wie Dotter, Pigment, verschiedenfarbige Protoplasmaarten (z. B. im Ascidienei), Chromatin u. dgl. anzunehmen, von vornherein als aussichtslos bezeichnet werden. Durch die
Tatsachen wurde die Form als Ursache aus den Zellen in die Differenzierungsprodukte des Protoplasmas verdrängt. Nun erweist sich auch
diese Ansicht als unhaltbar.

Gurwitsch (1904) hat sich die Frage gestellt: ist das Froschei als
,,Mischung oder als Struktur" aufzufassen? Durch Zentrifugieren der
Eier erzielte der genannte Forscher die Sonderung der verschieden schweren Stoffe derselben in distinkte Schichten, wobei sich diese Stoffe bei
nachfolgender Furchung ganz abnorm auf einzelne Blastomeren verteilten.
Dennoch ergaben die zentrifugierten Eier normale Embryonen. Gurwitsch schloß [im Gegensatze zu Roux], das Froschei sei lediglich eine
Stoffmischung, deren Bestandteile beliebig umgerührt werden können,
ohne die Entwicklung zu verändern. Ähnliche Versuche wurden später

von Morgan und Spooner an *Arbacia*-Eiern unternommen. Bekanntlich enthält das Echinidenei am vegetativen Pol das rote Pigment, welches nach der populären Ansicht der Entwicklung der Echiniden einen determinativen Charakter verleiht, indem es mit Urdarmbildung in Verbindung gebracht wird. Es muß übrigens bemerkt werden, daß der Entdecker dieser Polarität, Boveri, dem roten Pigment keine besondere formative Rolle zuschrieb. Nun haben Morgan und Spooner nachgewiesen, daß bei den zentrifugierten *Arbacia*-Eiern die Mikromerenbildung und Gastrulation ganz unabhängig von der zufälligen Lage der Stoffschichten vor sich gehen. Im Normalfalle entstehen die Mikromeren (Stadium 16) am Schnittpunkte der ersten und zweiten Furchungsebenen. Bei zentrifugierten Eiern dagegen können sich dieselben am beliebigen Schnittpunkte der ersten drei Furchen bilden und das Pigment kann in jedem Körperbezirke des Pluteus auftreten. In allen Fällen erhielten die Forscher durchaus normale Larven.

Man sieht also, daß das Pigment der Seeigeleier, ebenso wie das schwarze Pigment des Froscheies keine bestimmte formbildenden Potenzen enthalten: vielmehr stellen sie im Normalfalle Indizien der formbildenden Fähigkeiten der lebendigen Substanz am gegebenen Orte dar. Durch eine entsprechende Quantität von Dotter kann die Furchung in beliebiger Form auftreten; niemand zweifelt jedoch daran, daß man mit demselben Erfolg den Dotter durch irgendeinen anderen inerten Körper ersetzen könnte, ohne das Resultat zu verändern. Denn die Furchung geht nicht vom Dotter aus, sondern von der lebendigen Substanz, welche unter anderem auch Dotter erzeugt. Ebensowenig kann die Formbildung von anderen Differenzierungsprodukten des Protoplasmas ausgehen.

Die Rolle der Kernstrukturen in Entwicklung werden wir weiter unten eingehender zu besprechen haben. An dieser Stelle genügt uns der Schluß, daß weder die Zellen, noch die Differenzierungsprodukte der lebendigen Substanz für die Formbildung maßgebend sind[1]).

Organ. In der Betrachtung der Ontogenese macht sich die natürliche Eigenschaft unseres Denkvermögens, die Tendenz zur Zergliederung der Naturerscheinungen geltend. Wir berücksichtigen nicht die Erschei-

---

[1]) Im nachstehenden werden wir statt der undifferenzierten lebendigen Substanz das Wort: ,,Plasma'' gebrauchen.

nung selbst, wir untersuchen nicht die Beziehung des ganzen Organismus zum ganzen Ei, sondern wir stellen uns vor, der Organismus bestehe aus einzelnen Teilen, von welchen ein jeder [stofflich] einem Teile des Eies entspricht. Das erleichtert uns die Aufgabe, bringt aber zugleich die Gefahr mit sich, daß wir unseren provisorischen Annahmen eine Realität beimessen, welche den Erscheinungen nicht entspricht. Durch dieses Verfahren wird ein abstrakter Organbegriff zum konkreten Gebilde, zum selbständigen und autonomen Körperteil, welcher unabhängig von den anderen betrachtet werden darf, [während Roux betont, daß andere Teile an seiner Bildung mitwirken können, soweit nicht Selbstdifferenzierung des Teiles nachgewiesen ist].

Nach der üblichen Auffassung versteht man unter dem Organ einen Körperteil, welcher eine bestimmte Funktion verrichtet. Das wesentliche dieser Definition liegt offenbar darin, daß das Organ ein Etwas darstellt, welches in seinen Verrichtungen von den benachbarten Körperteilen verschieden ist. Nun ist aber die Funktion von der Struktur unmittelbar abhängig und Verschiedenheit der Struktur muß eine Verschiedenheit der Funktion zur Folge haben. Folglich besitzt jede Körperstrecke, welche sich morphologisch definieren läßt, eine für ihre Eigenart spezifische Funktion. Von diesem Standpunkte ist ein Haar, eine Warze, ein Pigmentfleck, eine Zelle, ein Chromosom und ein Plasmakörnchen ein typisches Organ mit spezifischer Funktion. Ja, der Organismus selbst ist nichts anderes als eine Struktur, welche eine bestimmte Funktion verrichtet; diese Funktion ist der einheitliche Lebensprozeß. Der Organbegriff ist ein vager, er entbehrt jeder Bestimmtheit. Die oben angeführte Definition gibt uns keine Möglichkeit zu entscheiden, was eigentlich nicht ein Organ ist. Und daraus leuchtet die stetige, kontinuierliche Natur des Organismus, welcher nicht aus Teilen besteht, sondern in welchem wir zu unserer Bequemlichkeit Teile unterscheiden, ein. So lange wir lediglich beschreibende Zwecke verfolgen, ermöglicht uns der Organbegriff, als eine konventionelle Schematisierung der Erscheinung, eine bequemere Übersicht. Derselbe wird aber zum direkten Hindernis, wenn wir darunter etwas tatsächlich Existierendes verstehen.

Als Beispiel sollen uns die sog. funktionslosen und rudimentären Organe dienen. Der Ausdruck: „funktionsloses Organ" enthält einen

Widerspruch in sich, wie etwa ein eigenschaftsloser Körper. Die Funktion gehört zur Definition des Organs und beide sind getrennt gar nicht vorstellbar. Dieser Ausdruck wird auch nur in einem konventionellen Sinne verstanden. Die Hinterbeine des Wales haben eine Reihe von Funktionen, weil sie wachsen, assimilieren, atmen und sezernieren, sie funktionieren aber nicht als Hinterbeine und deswegen bezeichnet man sie als funktionslos. Mit anderen Worten, die Hinterbeine des Wales seien nicht das, was wir bei Sezierung eines Wales vorfinden, sondern bedeutend mehr; denn sie haben ihre Geschichte und ihre Teleologie. Von der Natur wurden sie zu einem bestimmten Zwecke ausersehen, aber etwas hat ihre Entwicklung gehemmt und nun liegen sie in Gestalt eines nutzlosen, entbehrlichen Überbleibsels vor. Es liegt jedoch diesen Gebilden kein Zweck inne und es gehört nicht zur Aufgabe der Wissenschaft, Zwecke zu erraten. Jedes Gebilde spielt eine bestimmte Rolle in den Verrichtungen des Organismus und es gilt diese Rolle aufzuklären. Der Begriff eines autonomen Organs verleitet uns dazu, für jedes sog. Rudiment eine dessen Eigenart eines selbständigen Körperteiles zum Ausdruck bringende Rolle ausfindig zu machen und nachdem dieses Rudiment mit dem gesamten Organismus unzertrennbar verbunden ist, muß dieser Versuch versagen. Daraus wird sofort auf die Nutzlosigkeit des betreffenden Gebildes geschlossen. Vom Standpunkte des Kontinuitätsprinzipes hat der Organismus keinen bestimmten Zweck zu verrichten und er stellt keine starre, nur zu ganz bestimmten Leistungen befähigte Maschine dar. Die lebendige Substanz enthält ungezählte Fähigkeiten und Möglichkeiten in sich, von welchen bei gegebenen Bedingungen entsprechende Leistungen vollbracht werden. Ein Organ mit nur einer Funktion ist ebensowenig denkbar, wie ein Körper mit nur einer Eigenschaft. Die Antenne eines *Cyclops* dient nicht nur zum Schwimmen und Festklammern: sie ist außerdem ein wichtiges Taktil- und Atmungsorgan. Dieselben Verhältnisse lassen sich auch für ein klassisches Beispiel der rudimentären Organe, für die Kiemenspalten der Amnioten nachweisen. „Die Kiemenspalten kiementragender Tiere", sagt Karl Peter, „stehen… nicht allein im Dienste der Atmung, sie legen noch die Thymusdrüsen und die Epithelkörperchen an. Fällt nun bei weiterer Umgestaltung der Form eine der beiden Funktionen weg, so ist damit noch nicht der völlige

Untergang dieser Bildungen geboten. Sie haben noch eine zweite nicht weniger wichtige Aufgabe zu verrichten, und es würde eher wundernehmen, wenn die Divertikel mit Aufhören der Kiemenatmung völlig wegfielen und die erwähnten Drüsen sich eine andere Bildungsstätte suchten" (71, S. 429). Das ist wohl dahin zu deuten, daß sowohl die Kiemenspalten, wie auch die genannten Drüsen sich auf dieselbe Anlage zurückführen. Also auch ein typisches rudimentäres Organ ist möglicherweise nicht nur dazu da, um uns den Stoff für phylogenetische Spekulationen zu liefern, sondern es stellt ein notwendiges Glied in der Kette der ontogenetischen Gebilde dar. Eine Struktur ist noch nicht ganz funktionslos, wenn sie eine Funktion, welche sie vor Jahrmillionen verrichtete, nicht mehr verrichtet. Die vergleichend-anatomische Bedeutung unserer Thymusdrüse und Nebennieren ist sehr gut bekannt und hätten wir uns damit begnügt, würden wir über die innere Sekretion nichts erfahren. Warum bezeichnet man übrigens die Kiemendeckel einer *Idothea* oder die Lungen der Arachniden nicht als Rudimente? Sie haben doch ihre ursprüngliche lokomotorische Funktion eingebüßt. Dafür aber haben sie sich an eine neue Funktion trefflich angepaßt. Man muß nur die Erscheinungen so nehmen wie sie wirklich vorliegen und ein ausgedehntes dankbares Forschungsgebiet wird uns offen liegen.

Larve und Imago. Die Larve wird gewöhnlich als ein Zustand des unstabilen Gleichgewichtes, als ein temporäres mit provisorischen Organen ausgerüstetes Wesen aufgefaßt, welches gewissermaßen eine Abweichung von der bestimmten zielstrebigen Richtung der Ontogenese darstellt. Hier sind die Begriffe der direkten und indirekten Entwicklung besonders charakteristisch. Die direkte Entwicklung ist eine solche, die direkt, also auf kürzestem Wege zum Zwecke der Ontogenese: zur Erzeugung des Imago führt. Und selbst das Wort: Larve, bedeutet eine Maske, die erst weggeworfen werden muß, um die eigentlichen Züge des Organismus zu zeigen.

Dieser Vorstellung liegt die Idee zugrunde, daß zwischen der Larve und dem Imago ein prinzipieller Gegensatz besteht, indem das letztere zur jeglichen Weiterbildung unfähig ist, wogegen die Larve nur ein Übergangsstadium darstellt. Dieser Gegensatz wird aber hinfällig, wenn man bedenkt, daß das Imago ebenso temporär ist: die Larve eines Maikäfers lebt drei Jahre, der erwachsene Käfer nur wenige Wochen. Andererseits aber vermag sich auch die Larve nicht weiter zu entwickeln. Von unserem Standpunkte stehen wir in der Erzeugung der Larve wie der Imago demselben Prozeß gegenüber: einer Differenzierung der lebendigen Substanz bis zur bei gegebenen Bedingungen erreichbaren Maximalleistung, dann dem Stillstand und dem Tod. Ein *Pilidium* ist eine vollkommen ausgebildete Form, welche eine Zeitlang ohne weitere Veränderung ein ganz selbständiges Leben führt, um dann abzusterben. Nur ein kleiner Teil des *Pilidium* geht in die Organisation der Nemertine über, der Rest aber geht zugrunde. Demnach tut die Larve genau dasselbe wie die erwachsene Form. Denn auch jene fällt schließlich dem Tode anheim, wobei nur ein kleiner Teil ihres Körpers, das Keimplasma, in der Erzeugung der Nachkommenschaft, oder besser in der Fortsetzung des Lebens teilnimmt. In diesem Falle müssen wir die Imaginalscheiben des *Pilidium* als dessen Keimplasma bezeichnen. Unter Keimplasma verstehen wir ja nichts anderes als diejenige Substanz, welche die einzelnen Formen kontinuierlich verbindet. Die Analogie ist eine vollkommene. Die Wimperschnüre einer *Trochophora*, die Extremitäten der *Cypris*-Larve eines *Dendrogaster*, die Arme des *Pluteus* oder das Auge der Ascidienlarve, dies alles sind Endpunkte der Differenzierung, Maximalleistungen der lebendigen Substanz, welche sich nicht weiter entwickeln können, sondern dem Tode anheimfallen müssen. Das Leben und die Entwicklung aber werden immer durch die Vermittlung eines wenig differenzierten Körperteiles, des Keimplasmas fortgesetzt.

Hiermit wird zugleich der Begriff eines provisorischen Organs, also eines temporären Gebildes, welches einer definitiven Bildung seinen Platz überläßt, hinfällig. Denn es ist klar, daß zwischen den Organen der Larve und den Körperteilen der Imago gar kein ursächlicher Zusammenhang bestehen kann[1]). Die Larvalorgane stellen vielmehr einen Selbstzweck dar: sie sind Anpassungen der Larve an ihre eigenen Lebensbedingungen. Die Larve kennt keine Teleologie; sie lebt in der Gegenwart, nicht für die Zukunft. Das Erreichen des Imaginalstadiums bildet ebenso-

---

[1]) Wenn die Organe der Entwicklungsstadien auf die Imago unmittelbar übergehen, so spricht man von direkter Entwicklung, bei welcher das Larvenstadium nicht auftritt.

wenig den Zweck der Ontogenese wie die Erzeugung des Menschen das Ziel der organischen Evolution darstellt. Die Larven sind vollkommen ausgebildete selbständige Organismen mit ihrer eigenen Morphologie, Physiologie und Entwicklungsgeschichte. Wir haben den Axolotl als einen selbständigen Organismus kennen gelernt, und wenn auch das Tier durch die Entdeckung seiner Verwandtschaft mit *Amblystoma* zur Larve herabgesetzt wurde, so ist dennoch Axolotl Axolotl geblieben.

Das Gesagte möchte ich schließlich durch noch ein Beispiel, welches zu ähnlichen Zwecken von K. Peter angeführt wurde, illustrieren. Die verschiedenen Arten der Schmetterlingsgattung *Acronycta* sind im Imaginalzustande nur schwer voneinander zu unterscheiden. Alle haben grau bestäubte Vorderflügel mit wenig charakteristischer Zeichnung und besitzen keine sonstigen auffallenden Merkmale. Das hängt wohl damit zusammen, daß diese Falter nur in der Dämmerung fliegen. Aber ihre Raupen, welche am Tage fressen, weisen ausgesprochene Unterschiede auf. ,,Grüne, gelbe, schwarze Raupen, solche mit Keulenhaaren (*A. celni*) oder dichtem Haarpelz, mit Haarbürsten, Warzen und Fleischzapfen, — man ist versucht, die Tiere in ganz verschiedene Gattungen zu stellen!'' (71, S. 422).[1]) Es ist dies keine Äquifinalität der Entwicklung, vielmehr handelt es sich hier darum, daß auch die freilebenden Entwicklungsstadien ,,als im Kampfe ums Dasein stehende Organismen betrachtet sein wollen, also in dieser Hinsicht völlig den Imagines gleichen'' (l. c. S. 423).

Wir haben nun eine ganze Reihe ontogenetischer Formen unserer Betrachtung unterzogen und immer wieder kehrten wir zum Schlusse zurück: die Form ist keine Ursache, sondern ein passives Erzeugnis der Substanz, welch letztere allein für die Formbildung verantwortlich gemacht werden kann. [In diesem Sinne ist das Ergebnis Rouxs deutbar, daß zwischen parallelen Platten nicht zu stark gepreßte (aber nicht zugleich umgekehrte) Eier zwar deformierte Embryonen geben, die aber in ihrer Gestalt und Struktur nicht mehr von der Norm abweichen, als wenn

---

[1]) Ähnliches gibt H. Blunck (Zeitschr. wiss. Zoolog. Bd. 117. 1917) für die Käfer *Omophron* und *Haliplus* an.

der bereits entwickelte Embryo erst nachträglich entsprechend deformiert worden wäre (79b, S. 1046)]. Die Form ist gewissermaßen ein Abschluß des Differenzierungsprozesses, Maximalleistung der Substanz unter den gegebenen Bedingungen, welche uns in Gestalt von Zellen, Organen, Larven oder Imagines entgegentritt. Jede Form ist nur im geringen Grade veränderlich und jede fällt schließlich dem Tode anheim. Das Leben und die Entwicklung aber werden stets durch die Vermittlung des Keimplasmas kontinuierlich fortgesetzt.

Daraus ergeben sich die Aufgaben der Embryologie. Wie jede andere Wissenschaft sucht die Embryologie ihre Tatsachen zu „erklären". Was verstehen wir aber unter einer Erklärung? Die Erscheinung bleibt für mich solange unverständlich, als sie isoliert dasteht, solange ich dieselbe nicht mit allem meinem sonstigen Wissen in Verbindung zu setzen vermag. Erst nachdem sie ihren natürlichen harmonischen Platz in meinen Kenntnissen, Vorstellungen, Gepflogenheiten und Vorurteilen eingenommen hat, wird sie für mich wirklich erklärt. Wir haben die Formbildung auf die besonderen Eigenschaften der lebendigen Substanz zurückgeführt. Eine Erklärung der Ontogenese zu geben heißt somit, diese Eigenschaften der Substanz mit allen übrigen uns bekannten Eigenschaften derselben in Verbindung zu bringen. In unserem Wissen spielen aber die physikalisch-chemischen Eigenschaften der Substanz eine hervorragende Rolle. Wenn man uns nachweist, daß das Mesoderm vom 4d stammt, so wird dadurch dessen Entstehung nicht verständlicher. Es wird damit nur eine Umschreibung, eine Präzisierung der zu lösenden Aufgabe erzielt, aus der Tatsache selbst ist aber nicht zu ersehen, warum das Mesoderm überhaupt gebildet werden soll. Die Formen liefern uns lediglich eine solche deskriptive Erkenntnis. Die Gastrula des Seeigels entwickelt auf einem bestimmten Stadium Kalknadeln. Der Vorgang ist so regelmäßig, daß man bei konstanten Bedingungen geradezu die Minute voraussagen kann, wo diese Nadeln entstehen werden. Aber ich lasse nun das Seeigelei sich im kalkfreien Seewasser entwickeln. Die Nadeln treten gar nicht auf. Und da steht der Beobachter der unerwarteten Erscheinung ratlos gegenüber. Wie, alle morphologischen Bedingungen für die Entwicklung des Skeletts waren vorhanden und dennoch ist dasselbe nicht erschienen! Es liegt auf der Hand, daß nicht die morphologischen, sondern die physikalisch-chemischen Bedingungen für die Bildung einer Struktur maßgebend sind, und erst wenn wir dieselben erkannt haben, erhalten wir die Möglichkeit, unsere Analogieschlüsse durch eine Erkenntnis der Notwendigkeit der Erscheinungen zu ersetzen. Die Untersuchung der physikalisch-chemischen Bedingungen der Formbildung, das ist die Aufgabe der kausalen Embryologie. Die formelle Betrachtungsweise liefert uns die Etappen der Entwicklung, demonstriert deren Gesetzmäßigkeit und verhilft uns die Erscheinungen zu systematisieren. Die kausale Embryologie dagegen sucht die Tatsachen durch Zurückführen auf bekannte und zurzeit noch unbekannte Eigenschaften der formlosen Substanz zu erklären. Beide bilden keinen Widerspruch, sondern eine notwendige Ergänzung und beide verhalten sich gegeneinander wie Geschichte zur Physiologie, Geographie zur Geologie, Astronomie zur Mathematik und Darwinismus zum Neo-Lamarckismus.

VII.

Die Rolle des Zellkernes.

Es ist zunächst hervorzuheben, daß der Begriff des Zellkernes nicht eindeutig ist. Unter diesem Ausdrucke vereinigen wir einen morphologischen, einen physiologischen und einen chemischen Begriff, welche in vielen Fällen nicht kongruieren, Die mangelhafte Auseinanderhaltung dieser verschiedenen Seiten des Problems führt häufig zu Unklarheiten und direkten Mißverständnissen. Wir werden das später an einigen Beispielen sehen.

Wir werden von der Tatsache ausgehen, daß der Zellkern eine konstante, fast für die gesamte Organismenwelt charakteristische Bildung darstellt. Man wird ferner als feststehend betrachten, daß der Kern als ein Differenzierungsprodukt der ursprünglichen lebendigen Substanz entstanden ist. Diese Substanz erzeugte im Laufe ihrer Phylogenese mannigfaltige Differenzierungen, welche zunächst als Stoffe gebildet wurden; Hand in Hand damit schritt die morphologische Differenzierung, indem sich die gleichartigen Stoffe infolge einer gewissen physikalischen Affinität gegeneinander zu sichtbaren Klumpen zusammenballten. In dieser

Form mußte jedenfalls die Evolution der lebendigen Substanz einem Empiriker erscheinen. Wir sehen hier von den Ursachen und Zwecken der Entstehung des Kernes ab und begnügen uns mit dem Schlusse, daß der Kern kontinuierlich, aus der mehr oder weniger homogenen lebendigen Substanz entstanden ist und daß zwischen beiden kein schroffer Gegensatz bestehen kann. Und jetzt sehen wir uns an, wie die Forschung durch eine äußerst extensive und mühselige Arbeit, über die kühnsten Hypothesen hinweg, zu dieser einfachen Erkenntnis allmählich zurückkehrt.

Die historisch erste Auffassung des Zellkernes war die morphologische. Die vervollkommneten zytologischen Färbungsmethoden zeitigten eine ganze Reihe glänzender Entdeckungen und es ist leicht zu begreifen, warum die Kernfrage schließlich zum Zentrum des wissenschaftlichen Interesses wurde. Parallel mit der Entwicklung der zytologischen Methodik, insbesondere der spezifischen Färbungen, wurde der Kern sowohl in Präparaten wie in der theoretischen Betrachtung immer unabhängiger vom übrigen Zellkörper aufgefaßt, bis er zum physiologischen Zentrum der Zelle, zum Träger der Vererbungs- und Entwicklungsfähigkeiten proklamiert wurde. Ja, Boveri stellte sich vor, die Chromosomen seien selbständige Organismen, welche symbiotisch mit dem Protoplasma leben.

Ohne Zweifel liegt hier eine grobe Überschätzung der morphologischen Tatsachen vor. Um mit Brücke zu sprechen, ist es zumindestens vermessen, die am stärksten tingierbaren Substanzen zugleich für die physiologisch wichtigsten zu halten. Die meisten Kernhypothesen fassen den Kern als einen Formbegriff auf. Nun wissen wir aber, daß jede Form keineswegs als eine Ursache des Geschehens angesehen werden darf: sie ist lediglich ein Produkt bestimmter Reaktionen, welche allein für die Formbildung maßgebend sind. Die morphologische Auffassung wäre nur in dem Falle stichhaltig, wenn man nachweisen könnte, daß die Form kontinuierlich bleibt, daß also jede Form nur aus einer anderen Form gebildet werden könnte. Sollte uns demgegenüber der Nachweis gelingen, daß alle diese Vererbungs- und Entwicklungsträger stets aus der formlosen Substanz neugebildet werden, würde dadurch allen morphologischen Kernhypothesen der Boden entzogen. Ein Vererbungsträger darf sich nicht seiner „Anlagen" entledigen, um dann spurlos zu verschwinden; in der oder jener Form muß er an diesen Anlagen haften. Widrigenfalls könnten wir vermuten, daß die Anlagen selbst, als morphologische Einheiten, spurlos verschwinden können. Demnach kommen wir zur Frage: ist der Kern als morphologische Einheit kontinuierlich? Macht er tatsächlich seine Evolution vom isotropen Protoplasma unabhängig durch?

Morphologisch erscheint der Kern als ein scharf gegen das Protoplasma abgegrenztes, mit eigener Membran umgebenes Gebilde.. Die dadurch geschaffene Autonomie ist jedoch eine scheinbare. Denn sobald man von der Rolle des Kernes in Vererbung und Entwicklung spricht, meint man nicht den „ruhenden" Kern, sondern den Kern in Bewegung, in Teilung. Während der Mitose wird aber die Kernmembran aufgelöst und sämtliche Bestandteile des Kernes treten mit dem Protoplasma in kontinuierliche Verbindung. Man kann sich vorstellen, daß die Kernmembran in den Telophasen der Teilung als eine Niederschlagsmembran infolge gewisser chemisch-osmotischer Prozesse abgeschieden wird und den Kern nicht hermetisch gegen die Außenwelt abschließt, sondern lediglich gewisse osmotische Bedingungen schafft. Es wird ja von allen zugegeben, daß zwischen dem Kern und dem Protoplasma ein ständiger Stoffwechsel stattfindet, weil sonst die Notwendigkeit des Kernes für das Leben der Zelle, welche uns namentlich aus Merotomieversuchen an Protozoen bekannt ist, unverständlich wäre. Hätten wir die Möglichkeit gehabt, alle vom Kern ausgeschiedenen Substanzen durch eine spezifische Färbung sichtbar zu machen, würde uns der Kern als ein Zentrum erscheinen, aus welchem sich Strahlen der Substanzen nach allen Richtungen verbreiten. Ein solches Strahlensystem könnte vom Protoplasma nicht getrennt werden und der Kern, als eine physiologische Einheit, ist mit dem Protoplasma zu einem organischen Ganzen verbunden. Welcher Gefahr man entgegenläuft wenn man die morphologische Seite des Problems mit der physiologischen verwechselt, wird aus einem Beispiele ersichtlich. In seinen bekannten Versuchen hat Godlewski kernlose Bruchstücke der Echinuseier mit Antedonsperma befruchtet und es gelang ihm einige Larven bis zum Gastrulastadium zu züchten. Diese Gastrulae gehörten bezüglich der Mesenchymbildung und Beschaffenheit der Wimper dem mütterlichen Typus an, obwohl mütterlicherseits nur das kernlose Protoplasma vorhanden war. Godlewski zieht daraus den Schluß, daß wenigstens „bis zum Gastrulastadium, ohne Vorhandensein des mütterlichen

Kernes, mütterliche Charaktere zum Vorschein kommen können" (40, S. 639). Dieser Schluß ist nicht eindeutig, weil wir ebensogut sagen könnten, daß in diesem Falle von einer Abwesenheit des mütterlichen Kernes nicht die Rede sein kann. Im kolloidalen Protoplasma können sich die vom Kerne ausgeschiedenen Stoffe nur langsam verbreiten und die Exstirpation des Kernes wird erst nach einiger Zeit eine merkliche Veränderung in einem entfernten Punkte des Eies hervorrufen. Eben dadurch erklärt sich ja die Tatsache, daß kernlose Schnittstücke der Eier und Protozoen einige Zeit ihr Leben beibehalten. In den Versuchen von Godlewski wurde nur der morphologische Kern entfernt, der physiologische aber war teilweise erhalten geblieben.

Was nun die Kernmembran anbelangt, ist für uns die Tatsache von Wichtigkeit, daß dieselbe nicht kontinuierlich in die Membran der nächsten Generation übergeht, sondern von Teilung zu Teilung stets neugebildet wird. Es mangelt übrigens nicht an Forschern, welche das Vorhandensein der Kernmembran überhaupt in Abrede stellen (vgl. Albrecht 1).[1]

Dem früher als besonders charakteristisch betrachteten Kernreticulum muß nach dem heutigen Stand der Kenntnisse jede Bedeutung abgesprochen werden. Die ultramikroskopischen Untersuchungen Gaidukows an Kernen von *Vaucheria* und Staminalhaarzellen von *Tradescantia* haben gezeigt, daß die ruhenden Kerne außer feiner Granulation überhaupt keine Struktur erkennen lassen. Die ruhenden Kerne in ultravioletten Strahlen weisen ebenfalls keine Struktur auf und erscheinen als mehr oder minder homogene Gebilde. Wenn in manchen Kernen auch verschiedene Differenzierungen vorhanden sind, so brauchen dieselben mit der Teilung nicht zusammenzuhängen. Die Zytologen neigen immer mehr zum Schlusse, daß das Kernreticulum keine natürliche Bildung darstellt. „Es kann keinem Zweifel unterliegen, daß die im Präparat netzartig oder spongiös erscheinenden Kerngerüste mehr oder weniger Kunstprodukte sind" (Häcker 46, S. 41).

Für die Plasmosomen (Nukleolen, echte Kernkörper) und namentlich für die Keimflecke der Keimbläschen wurde im alten Remackschen

---

[1] Vgl. auch Derschau. Arch. f. Zellforsch. Bd. 14. 1917.

Schema der Zellteilung eine Kontinuität angenommen. Indes hat sich diese Auffassung als irrtümlich erwiesen. Die moderne Forschung steht fast durchweg auf dem Boden der sog. Kernsekrettheorie, nach welcher die Nukleolen Zwischenprodukte des Stoffwechsels sind. Während der vegetativen Tätigkeit der Zelle werden gewisse Stoffe abgespalten und in den Prophasen der Mitose in das umgebende Protoplasma abgestoßen. Auf jeden Fall werden die Nukleolen nach jeder Teilung neugebildet.

Nunmehr kommen wir auf den wichtigsten Bestandteil des Kernes, auf das Chromatin, bzw. die Chromosomen zu sprechen. Wie schon hervorgehoben, stützt sich die Lehre von der Prävalenz der Chromosomen in der Vererbung und der Entwicklung in erster Linie auf deren Autonomie, also auf die Annahme, daß die Chromosomen kontinuierlich von einer Zellgeneration auf die andere übergehen. Die notwendige Voraussetzung aller Chromosomenhypothesen ist die Lehre von der Chromosomenindividualität. Ihr Wesen kann am besten mit Boveris eigenen Worten geschildert werden: „Was unter dem Ausdruck ‚Individualität der Chromosomen‘ bezeichnet werden soll, ist die Annahme, daß sich für jedes Chromosoma, das in einen Kern eingegangen ist, irgend eine Art von Einheit im ruhenden Kern erhält, welche der Grund ist, daß aus diesem Kern wieder genau ebensoviele Chromosomen hervorgehen‘‘, und zwar in derselben relativen Größe und häufig auch in derselben Anordnung (6, S. 229). Im ruhenden Kern sind keine Chromosomen vorhanden und dieselben werden erst in den Prophasen der Teilung gebildet. Es erhält sich nur „irgend eine Art von Einheit‘‘, also eine Chromosomenanlage, welche die Kernsubstanz aktiv zum Chromosom gestaltet. Die Identifizierung der in manchen ruhenden Kernen zerstreut liegenden Chromatinpartikelchen mit der Substanz der Chromosomen ist ein Versuch, die Hypothese der Chromosomenindividualität auf einen positiven Boden zu stellen. Jedoch ist diese Vorstellung ganz unhaltbar. Wie schon oben gesagt, enthalten viele ruhende Kerne außer den Nukleolen überhaupt keine färbbaren Substanzen, und wenn in diesen Fällen nicht nur die Chromosomen, als Formen, sondern das Chromatin als färbbare Substanz bei jeder Kernteilung neugebildet wird, haben wir keinen zwingenden Grund zur Annahme, daß diese Verhältnisse nicht eine allgemeine Regel darstellen. Tatsache ist jedenfalls, daß auch in Abwesenheit jeglicher morphologischen Einheiten, welche die Chromosomen im ruhenden Kern vertreten, dieselben in derselben Form und Zahl gebildet werden. Außerdem wurde von Němec angegeben, daß sich die Chromosomen von den Chromatinkörnern substantiell unterscheiden. Němec bearbeitete die Wurzel von *Allium cepa* mit heißem Wasser und fand, daß sich die Chromosomen der bereits in Teilung getroffenen Zellen vollkommen aufgelöst haben, wogegen die Kerngerüste der ruhenden Kerne intakt geblieben sind.

Die alte „Chromatinerhaltungshypothese" wurde durch die von Häcker begründete Achromatinhypothese, welche den Tatsachen besser Rechunng trägt, ersetzt. Nach derselben entständen die Chromosomen nicht durch Verschmelzung der Chromatinkörner, sondern aus der nicht färbbaren Substanz, als „lokale (zirkumskripte) stark färbbare (vorwiegend basophile) Verdichtungen des alveloaren Karyoplasmas selber" (Häcker 46, S. 46). In den Telophasen quellen oft die Chromosomen zu rundlichen Gebilden, den sog. Karyomeren (Idiomeren) auf, und diese letzteren verschmelzen nachträglich zum Tochterkerne: anfangs weist der junge Kern oft eine lappige Kontur auf. Nach der Achromatinhypothese behalten die Karyomeren ihre Individualität, d. h. der ruhende Kern besteht aus einer Anzahl autonomer Kernplasmaterritorien, von welchen jede die Fähigkeit besitzt, ein Chromosom zu bilden. Diese Auffassung stellt ein Kompromiß zwischen der Beobachtung und der voreingenommenen Idee der Formkontinuität dar. Denn einerseits geht sie von der Tatsache aus, daß der ruhende Kern nichts den Chromosomen entsprechendes enthält, andererseits sieht sie aber in den Karyomeren diejenigen Formeinheiten, welche für Boveri den Grund für das Auftreten der Chromosomen bilden. Sie dürfte jedoch von den tatsächlichen Verhältnissen nur quantitativ abweichen. In einigen Fällen, wie z. B. beim Vorhandensein besonders schlagender Größenunterschiede zwischen einzelnen Chromosomen, oder bei Bastardierungen wird es zulässig die Karyomeren heranzuziehen. Anknüpfend an die Ausführungen von Della Valle kann gesagt werden, daß es sich hier um physikalische Vorgänge rein quantitativer Natur handelt und namentlich darum, daß in den Telophasen eine unvollkommene Verschmelzung von kolloidalen Massen stattfindet, welche bei nachfolgender Teilung als

Kondensationszentren dienen. Im Nachstehenden werden wir sehen, worin sich diese Auffassung von der Chromosomenindividualität unterscheidet. In einer überwiegenden Mehrzahl der Fälle brauchen wir aber keine Karyomeren, weil auch ein homogener einheitlicher Kern Chromosomen erzeugen kann. Hieraus ergibt sich die Möglichkeit, das Formproblem durch ein Problem der Substanz zu ersetzen.

Versuchen wir jetzt zu prüfen, ob die Tatsachen, welche zur Stütze der Chromsomenindividualität herangezogen werden, nicht auch eine andere Deutung zulassen.

1. Das Gesetz der Zahlenkonstanz wird häufig als ein entscheidender Beweis der Chromosomenindividualität angeführt. Indes, vom objektiven Standpunkte, ist die Zahl nur ein Ausdruck für eine bestimmte Form. Wir unterscheiden „zwei Gegenstände", von „drei Gegenständen" auf den ersten Blick ohne dieselben zu zählen und der Satz: der Kern enthält 24 Chromsomen deutet nur auf eine gewisse Form des Kernes hin. Die Eltern und Nachkommen stimmen nicht nur in ihren Merkmalen, sondern auch in der Anzahl derselben (z. B. Fingerzahl) überein, weil sie aus derselben Substanz unter denselben Bedingungen gebildet wurden und weil die Anzahl der Merkmale ihrerseits ein Merkmal darstellt. Die Chromosomen werden ebenfalls durch dieselbe Substanz erzeugt und ihre konstante Zahl ist ebenso verständlich oder unverständlich, wie ihre konstante Form, starke Tingierbarkeit oder gar ihr Auftreten überhaupt. Es würde uns eher wundernehmen, wenn in jeder Mitose eine andere Chromosomenanzahl zum Vorschein käme. Bei konstanten Bedingungen werden nicht nur die Chromosomen, sondern auch viele andere Formeinheiten, für welche niemand eine Individualität annimmt, in derselben Anzahl erzeugt. Die Zahl von Öltropfen in den Eiern von Teleostei, Dotterkörnern in vielen Eiern, Kristallen in manchen Zellen u. dgl. m. wird ziemlich genau beibehalten[1]). Wenn aber die Bedingungen verändert sind, wird auch die Anzahl dieser Gebilde schwankend. Bei dem klassischen Objekt der Mikroskopie, bei *Ascaris megalocephala univalens*, wurde von Boring in einigen Eiern ein kleines akzessorisches Chromosom beschrieben. Unter der Einwirkung von ultravioletten Strah-

---

[1]) Della Valle (22).

len sah Stevens beim selben Objekt im Blastomer P_3 fünf Chromosomen, wogegen die Chromosomenanzahl in den Blastomeren P_1 und P_2 eine ganz unregelmäßige war.[1] Eine abnorm große Chromosomenzahl wurde auch im selben mit Radium bestrahlten Keime von P. Hertwig beobachtet. Nach Rosenberg (78) kann schließlich die Chromosomenzahl in den „Tentakelzellen" von *Drosera* eine verschiedene sein: dieselbe nimmt mit der Intensität der Zellentätigkeit ab[2]).

2. Konstante Größendifferenzen. Als ein besonders auffallendes Beispiel eines stark abweichenden konstant auftretenden Chromosoms kann das x-Chromosom von *Protenor* angeführt werden. Dennoch kommen derartige Fälle nur äußerst selten vor und eben das berechtigt uns zum Schlusse, daß sie eine andere Deutung als die Annahme der Kontinuität zulassen, zumal uns ähnliche Erscheinungen auch in der anorganischen Welt vielfach bekannt sind. Wenn man in einer Druse ein besonders ausgebildetes Kristallindividuum findet, so führt sich dessen Entstehung nicht auf die entsprechende Heterogeneität der Lösung, sondern auf besondere Kristallisationsbedingungen zurück[3]). Das x-Chromosom des *Protenor* könnte sich im Wege einer unvollständigen Legierung der Karyomeren in der Telophase erhalten. Unter Ziffer 4 werden wir andeuten, wie das experimentell nachgewiesen werden könnte.

Wo dagegen die Unterschiede zwischen einzelnen Chromosomen nicht so groß sind, haben genaue Messungen von Della Valle ergeben, daß die Chromosomen überhaupt variabel sind und daß ihre Varianten eine kontinuierliche fluktuierende Reihe bilden. Man vergleiche, sagt Della

---

[1]) Nach Fauré-Fremiet (Arch. d'anatom-microsc. Bd. 15. 1914) resultieren aus Eiern von Askaris, die in einer O-armen Atmosphäre gehalten wurden, Keime, bei welchen S_1 kernlos ist und P_1 16 Chromosomen enthält. Nach Rückversetzung unter normale Bedingungen resultieren anscheinend normale Keime.

[2]) Es ist von Interesse, daß Rosenberg (77) noch früher bei *Drosera* eine schöne Bestätigung des Grundgesetzes der Zahlenkonstanz gefunden hat. *Drosera longifolia* enthält im Ei 20 Chromosomen, *D. rotundifolia* im männlichen Vorkern deren 10. In vegetativen Zellen der Hybriden waren 30 Chromosomen vorhanden. Die Chromosomenzahl in den Pollenmutterzellen dagegen war eine schwankende.

[3]) Della Valle (22).

Valle, die Doppelreihe von Chromosomen in der Arbeit von Wilson über Spermatogenese von *Anasa* mit der bekannten Reihe von Blättern, welche von de Vries zur Illustration der fluktuierenden Variabilität angeführt wurde. Die Messungen ergeben in beiden Fällen dieselbe Kurve und doch werden die Chromosomen als Beispiel einer konstanten Größendifferenz, die Blätter dagegen als Beispiel der Variabilität betrachtet! Ich erlaube mir auf ein analoges Beispiel hinzuweisen. Anknüpfend an die von Boveri postulierte qualitative Ungleichwertigkeit der Chromosomen wurden von Baltzer in der Äquatorialplatte der Echiniden tatsächlich Chromosomen von verschiedener Form und verschiedener Größe entdeckt. „Es war möglich zwar nicht für jedes, aber immerhin für einige Chromosomen bestimmte Formen nachzuweisen" (3, S. 622). Es liegt auf der Hand, daß diese Verschiedenheiten nur insofern konstant sind, als die Chromosomen in allen Zellgenerationen in gleichem Maße variieren. Es müßte die Form- bzw. Größenkontinuität eines bestimmten Chromosoms nachgewiesen werden, um die Chromosomenindividualität aufrecht zu erhalten. Die Konstanz der Form erweist sich ebenfalls als illusorisch, weil z. B. die beiden kleinen hufeisenförmigen Chromosomen des *Echinus* nur in einigen Eiern, nicht aber in jedem beliebigen Ei sicher aufgefunden werden konnten.

3. Mit den vorstehenden Ausführungen können wir auch die Konstanz der Chromosomenform als erledigt betrachten.

4. Als eine wichtige Stütze der Individualitätshypothese wird die zuerst von Rabl betonte Tatsache, daß die Chromosomen in den Telophasen und den darauf folgenden Prophasen annähernd dieselbe Anordnung aufweisen, betrachtet. Was zunächst die Angabe von Rabl für Salamandermitosen anbetrifft, so hat sich dieselbe als ungenau erwiesen. Rabl untersuchte nämlich die späten Prophasen, wo die Anordnung der Chromosomen direkt vom achromatischen System abhängig war, indem die Chromosomen unter dem Einflusse von Zentrosomen standen. Nach M. Heidenhain und Della Valle ist die polare Chromosomenanordnung um so weniger ausgesprochen, je früher das betreffende Prophasenstadium. Dieser Einwand trifft allerdings für die sorgfältigen Untersuchungen von Boveri an *Ascaris*-Keimen nicht zu. Hier dürfen wir vielleicht nochmals die Karyomeren heranziehen. In der Praxis folgen

die Teilungen rasch nacheinander und die Karyomeren haben nicht genug Zeit, vollständig miteinander zu verschmelzen. Indem eine jede annähernd dieselbe Substanz in derselben Anordnung wie in der Telophase enthält, ist dadurch die annähernd gleiche prophasische Anordnung der Chromosomen gegeben. Das könnte man übrigens durch einen einfachen Versuch nachweisen. Wenn man den Keim in eine niedrige Temperatur versetzt, so werden dadurch die nachfolgenden Mitosen gehemmt. In denjenigen Zellen, welche sich gerade in der Telophase befanden, werden die Karyomeren, ähnlich wie in den oben zitierten Versuchen von Moszkowski, vollständiger legiert und es wäre, nach dem Kontinuitätsprinzip, eine geringere Übereinstimmung in der Chromosomenanordnung erzielt. Nach der Individualitätshypothese dagegen sollte man eine konstante, von der Temperatur unabhängige Anordnung erwarten[1]).

5. Zu den Beweisen der Individualitätslehre werden noch die Bastardierungsversuche gerechnet. Die Versuche von Baltzer an Echiniden liefern zu unbestimmte Resultate. Das Objekt ist nur wenig für zytologische Untersuchungen geeignet und wenn man Schwierigkeiten hat, die konstanten Formverschiedenheiten zwischen den Chromosomen in den verschiedenen Eiern desselben Tieres nachzuweisen, werden diese Chromosomentypen im fremdbefruchteten Ei nicht sicher zu identifizieren sein. In den Versuchen von Moenkhaus dagegen, welcher Kreuzungen zwischen *Fundulus* und *Menidia* in beiden Kombinationen ausführte, waren die Chromosomen ausgesprochen verschieden. Im bastardbefruchteten Ei waren die langen stäbchenförmigen Chromosomen des *Fundulus* von den bedeutend kleineren der *Menidia* deutlich zu unterscheiden. Von unserem Standpunkte läßt sich diese Tatsache sehr gut verstehen. Bei verschiedenen Arten werden die Kerne substantiell verschieden und die Diffusion ungleicher kolloidaler Körper geht langsamer vor sich als die Vermischung von gleichartigen Kolloiden. Aus diesem Grunde könnten die beiden Pronuclei ihre Eigenart längere Zeit beibehalten und entsprechende Chromosomen ausbilden. Diese Auffassung bedeutet kein Kompromiß zwischen der Individualitätslehre

---

[1]) Dasselbe Experiment gilt auch für *Protenor*. Es wäre zu erwarten, daß bei niedriger Temperatur das x-Chromosom nicht mehr so auffallen würde.

und dem Kontinuitätsprinzipe. Denn von unserem Standpunkte muß die Verschiedenheit der Chromosomen im bastardbefruchteten Ei nur eine temporäre, durch die unvollkommene Mischung von Kolloiden hervorgerufene Erscheinung sein, für die Individualitätshypothese dagegen sind die Art-Chromosomen konstant. Die Anhänger der Individualitätshypothese pflegen uns zu verschweigen, daß nach Moenkhaus selbst die Unterschiede zwischen *Fundulus*- bzw. *Menidia*-Chromosomen nur in den zwei ersten Furchungsteilungen deutlich zu bemerken sind. Es ist dies eine physikalische Erscheinung und keine Formkontinuität[1]).

6. Monastereier. Dieselben wurden von Boveri gegen die „Regulationshypothese" Delages, nach welcher sich die Chromosomenzahl bei parthenogenetischen Echinidenlarven von selbst reguliert, angeführt. Bekanntlich sind das solche Eier, in welchen infolge des Schüttelns die Teilung des Spermozentrums unterbleibt und dasselbe einen Monaster statt des Amphiasters entwickelt. Die erste Kernteilung wird dadurch unterdrückt, nicht aber die Teilung der Chromosomen, so daß die entstandene doppelte Chromosomenzahl (72) in die Bildung eines einzigen „Diplokaryon" eingeht. In den nachfolgenden Teilungen wird die abnorme Chromosomenzahl regelmäßig beibehalten. Vielleicht läßt sich aber diese Erscheinung auch ohne Chromosomenindividualität begreifen. Nach der von Boveri selbst aufgestellten Regel verdoppelt sich die Chromatinmenge des Kernes von einer Teilung zur anderen. Spätere Untersuchungen haben allerdings gezeigt, daß dieser Satz nur für die ersten Stadien gilt, in unserem Falle haben wir aber gerade mit diesen ersten Stadien zu tun. Nachdem also die 72 Chromosomen zum Diplokaryon verschmolzen sind, wuchs dieses letztere auf das doppelte heran und die doppelte Chromatinmenge ergab die doppelte Chromosomenzahl.

7. Ungleichwertigkeit der Chromosomen. Nunmehr kommen wir auf den berühmten Versuch Boveris an dispermen Echinideneiern zu sprechen. In den disperm befruchteten Eiern sind zwei Spermazentren vorhanden, welche in meisten Fällen vier miteinander verbundene Spin-

---

[1]) Eine ähnliche Erscheinung stellt die von Häcker beschriebene Autonomie der Gonomeren bei *Cyclops* dar, also die Tatsache, daß in einigen Zellgenerationen nach der Befruchtung die väterliche und die mütterliche Chromosomengruppe gesondert liegen.

deln entwickeln. Die abnorme Chromosomenzahl des Furchungskernes wird nach Zufall auf die vier Blastomeren, in welche der Keim simultan zerfällt, verteilt. Die einzelnen Blastomeren erhalten demnach eine verschiedene Chromosomenanzahl und ihre Entwicklung verläuft sowohl im Verbande mit dem Ganzen, wie in den Isolierungsversuchen, in verschiedenem Grade abnorm. Alle vier Blastomeren enthalten aber genau dieselbe Protoplasmaquantität, woraus folgt, daß die Verschiedenheit der Potenzen nicht vom Protoplasma abhängt. Die arrhenokaryotischen und parthenogenetischen Larven beweisen ferner, daß die Chromosomenzahl auf die Hälfte herabgesetzt werden kann, ohne die normale Entwicklung zu beeinträchtigen. Es bleibt also nur übrig, die unrichtige Chromosomenkombination für die Resultate verantwortlich zu machen, woraus sich die Ungleichwertigkeit der Chromosomen in bezug auf die Entwicklung ergibt.

Ohne Zweifel ist das ein glänzendes Eliminationsverfahren, und es ist nicht so leicht Argumente dagegen zu finden. Versuchen wir jedoch den Schluß Boveris weiter auszubauen. Im Normalfalle verbürgt uns der Mechanismus der Mitose dafür, daß die beiden Tochterzellen genau dieselbe Chromosomenzahl und Chromosomenkombination erhalten. Die arrhenokaryotischen und parthenogenetischen Larven der Echiniden beweisen ferner, daß bei Befruchtung keine Summierung der komplementären Potenzen stattfindet, sondern daß jede Geschlechtszelle mit ihrer halben Chromosomenzahl sämtliche Potenzen enthält. Im befruchteten Ei eines Echinus, ebenso wie in seinen somatischen Zellen, haben wir demnach zwei gleiche Assortimente zu 18 (bzw. 16) Chromosomen, die beide den vollen Potenzenschatz enthalten. Was geschieht aber bei der Reduktionsteilung? Die Chromosomen werden doch ebenfalls durch Zufall auf die beiden Zentren verteilt und wir kennen keinen Mechanismus, welcher die richtige Chromosomenkombination in beiden Tochterzellen zustande bringt. Angenommen, die Geschlechtszellen eines Organismus enthalten je zwei Chromosomen, die wir als a und b bezeichnen wollen. Das befruchtete Ei und die daraus hervorgegangenen somatischen Zellen haben a a b b. Bei Reduktionsteilung erhält jede Keimzelle der nächsten Generation je zwei Chromosomen in einer der vier Kombinationen: a a, a b, b a, b b. Wären die Chromosomen ungleichwertig, so müßte bei einem Organismus mit vier Chromosomen die Hälfte der Eier abnorme Keime bei Parthenogenese ergeben. Bei Befruchtung können die fehlenden Chromosomen durch das andere Geschlecht geliefert werden; allein aus 16 sich ergebenden Kombinationen enthalten zwei, a a a a und b b b b, nur eine Chromosomensorte, folglich aus 16 Embryonen von *Ascaris* müßten zwei abnorm beschaffen sein. Und noch mehr. Bei unregelmäßiger Verteilung der Chromosomen auf einzelne Zentren kann die richtige Kombination erhalten sein, da z. B. a a b alle notwendigen Potenzen enthält und die unrichtige Chromosomenzahl, nach Boveris eigener Ansicht, ohne Belang ist, zumal sowohl arrhenokaryotische wie Monastereier, welch letztere eine doppelte Chromosomenzahl enthalten, sich normal entwickeln können. Bei seinen statistischen Kalkulationen müßte Boveri diesen Umstand berücksichtigen; in diesem Falle würde aber das numerische Resultat der Berechnung mit den Tatsachen nicht übereinstimmen. Eben daraus, daß bei Reduktionsteilung jede mögliche Chromosomenkombination gebildet wird, dürfen wir auf die Gleichwertigkeit der Chromosomen schließen.

Boveris Schluß wurde per exclusionem gewonnen und es liegt die Vermutung nahe, daß hier nicht alle Möglichkeiten berücksichtigt wurden. Die Fragestellung ist: entweder Kern, oder Protoplasma, entweder Zahl oder Kombination. Das Kontinuitätsprinzip liefert uns aber einen anderen Gesichtspunkt: weder Kern noch Protoplasma, sondern das Plasma, die undifferenzierte lebendige Substanz, aus welcher sowohl der Kern, wie das Protoplasma gebildet werden. Boveris Auffassung verwickelt sich in Schwierigkeiten, weil er die Form als einen wirksamen Faktor betrachtet. Wenn Boveri von Chromosomenverteilung spricht, meint er unter Chromosomen morphologische Einheiten; sobald er sich aber den Einfluß dieser Einheiten auf die Entwicklung vorzustellen sucht, ist er genötigt, zum Chromatin als einer Substanz zu greifen. Wenn man beide Begriffe wahllos einen statt des anderen gebraucht, kommt man zu einem quaternio terminorum, weil der morphologische Kern mit dem physiologischen in seinen Eigenschaften gar nicht identisch ist. Nach Boveris eigenen Worten schließt die Ungleichwertigkeit der Chromosomen deren Individualität, also deren stoffliche Kontinuität, nicht notwendigerweise in sich. Wie schon oben ausgeführt, können aber in

diesem Falle die Chromosomen nicht mehr als Vererbungsträger gelten.
Aus diesem Grunde möchte ich dem obigen Satz nicht beistimmen und
halte die Ungleichwertigkeit der Chromosomen für eine sehr schwerwie-
gende Stütze der Individualitätshypothese. Beide setzen eine ursächliche Formkontinuität voraus und beide widersprechen in gleicher Weise
dem Kontinuitätsprinzipe. Für uns sind die Chromosomen nur Indizien,
aus welchen wir auf das Vorhandensein des Plasmas schließen können.
Die Ursachen der Abnormitäten können ebensowenig dem Protoplasma
wie dem Kern zugeschrieben werden. Die Blastomeren erhalten einen
gleichen Anteil an Protoplasma, d. h. an passivem Eiweißkörper, Dotter,
Pigment u. dgl., aber ihr Anteil an Plasma ist verschieden und deswegen sind die Resultate ungleichmäßig. Ebenso üben die Strukturen
des Kernes keinen größeren Einfluß auf die Entwicklung aus, als das bei
Dotter oder Ölkugeln der Fall ist. Im Prinzipe behalten die statistischen
Ausführungen Boveris ihre Gültigkeit, sie beziehen sich aber nicht auf
die Chromosomen, sondern vielleicht auf die Moleküle des Plasmas. Warum entwickelt sich das parthenogenetische Ei, trotzdem es nur die halbe
Quantität des Plasmas enthält, das bleibt noch zu untersuchen. Die Chromosomen liefern uns aber keine hinreichende Erklärung.

Mit der Widerlegung der Chromosomenindividualitätshypothese verlieren alle Chromosomentheorien der Vererbung ihre ganze Bedeutung.
Will man dagegen das Hauptgewicht auf das Chromatin als färbbare
Substanz übertragen, so ist doch das Chromatin ebenfalls kein chemischer, sondern ein morphologischer Begriff. Jeder Versuch, dem Chromatin eine führende Rolle zuzuschreiben, scheitert an derselben Tatsache,
daß der ruhende Kern vielfach überhaupt kein Chromatin enthält. Die
Kontinuität des Chromatins muß demnach durch die Kontinuität einer
anderen Substanz, welche das Chromatin erzeugt, ersetzt werden. Es
ist möglich, daß die starke Tingierbarkeit der Chromosomen auf ihrer
physikalischen Struktur beruht. Man könnte also vermuten, daß die
hypothetische Vererbungssubstanz immer kontinuierlich bleibt und nur
von Zeit zu Zeit eine Struktur erlangt, welche die Ausbildung der Chromo-
somenformen und Eigenschaften veranlaßt. Diese Auffassung ist epigenetisch, weil sie ihr Augenmerk auf die formlose Substanz lenkt, sie ist aber
zugleich evolutionistisch, weil sie aus der Fülle verschiedenartigster Stoffe

willkürlich nur diejenigen herausgreift, welche in den Chromosomen aufgefunden wurden. Den Chromosomen müssen wir jede Bedeutung in
Übertragung der Eigenschaften absprechen, und es ist sehr wenig wahrscheinlich, daß durch dieses Verfahren gerade die richtige Substanz getroffen wird. Wir sehen, daß bei verschiedenen Organismen dieselben
Chromosomen und dasselbe Chromatin vorhanden sind, daß sich diese
Gebilde haargenau bei der Teilung verhalten und daß sie dieselben chemischen Reaktionen aufweisen. Es liegt ja die Vermutung nahe, daß
das Chromatin im gesamten Organismenreich ungefähr ein und dieselbe
Substanz darstellt[1]). Wenigstens, wenn wir im Blute verschiedener
Wirbeltiere Kristalle annähernd derselben Form vorfinden, werden wir
doch annehmen, daß sie aus nahe verwandten Substanzen bestehen.
Wie soll man da aber in den Chromosomen Vererbungsträger sehen, wenn,
um mit Häcker zu sprechen, die Anlagen von so verschiedenen Organismen, wie die Feuerwanze (*Pyrrocoris*), Salamander, *Ascaris* und Lilie
jeweils auf ähnliche 24 Chromosomen verteilt seien?

Vielleicht sind die Chromosomen nur insofern verschieden, als Hämoglobinkristalle einzelner Vertebraten verschieden sind. Das Plasma verschiedener Organismen wird substantiell verschieden sein, aber das Chromatin ist vielleicht diejenige Substanz, welche, ähnlich wie Harnsäure,
vom formbildenden Plasma als unbrauchbar abgeschieden wird?

Um die Vererbungssubstanz zu ermitteln, müssen wir den chemischen
Untersuchungsweg einschlagen. Es wird sich hier die anregende Idee
Loebs bewähren, daß wir die Vererbungssubstanz unter denjenigen Substanzen zu suchen haben, welche sowohl im Ei, wie im Spermatozoon
identisch sind.

Ähnlich wie wir das mit Chromosomen getan haben, versuchen wir
jetzt zu zeigen, daß die Tatsachen, welche eine führende Rolle des Chromatins beweisen sollen, auch eine andere Deutung zulassen. Nach
O. Hertwig handelt es sich hier um vier Beweise:

1. Die Äquivalenz der männlichen und weiblichen Erbmasse.

---

[1]) Nach Burian konnte die Analyse zwischen den Spermanukleinsäuren, aus welchen ja die Chromosomen hauptsächlich bestehen, und zwar
bei so verschiedenen Organismen wie Lachs und *Arbacia* keinen Unterschied nachweisen.

2. Die gleichwertige Verteilung derselben auf die aus dem befruchteten Ei hervorgehenden Zellen.

3. Die Verhütung der Summierung der Erbmassen.

4. Die Isotropie des Protoplasmas.

Ad 1. Die Äquivalenz der Geschlechtszellen wird aus der Tatsache erschlossen, daß die Eigenschaften beider Eltern im gleichen Maße beider Nachkommenschaft zum Vorschein kommen. Von allen sichtbaren Bestandteilen der Keimzellen sind es nur die Chromosomen, welche in derselben morphologisch-chemischen Beschaffenheit bei den beiden Gameten auftreten. Es ist dies eine Anwendung der soeben erwähnten Loebschen Idee auf das morphologische Gebiet. Es wird hier jedoch eine unzulässige Umkehr des Schlusses gemacht. Aus der Tatsache, daß die Vererbungssubstanz der beiden Gameten gleich sein muß, folgt noch nicht, daß alles, was bei denselben gleich ist, zur Vererbungssubstanz gehört. Und diese Substanz muß ebenfalls nicht unbedingt mit Hämatoxylin tingierbar sein. Wenn sie die Fähigkeit besitzt, gleiche Organismen zu erzeugen, werden wir uns darüber wundern, daß sie gleiche Chromosomen erzeugt?

Ad 2. Die teleologische Bedeutung der Mitose wurde bekanntlich von Roux suggeriert. Der komplizierte Mechanismus der Mitose habe den Zweck [und die Fähigkeit,] das Chromatin [in allen seinen Qualitäten] gleichmäßig auf die beiden Tochterzellen zu verteilen, [also „qualitative Halbierung" (Roux) aller Bestandteile zu bewirken oder, NB. beim Wirken besonderer sondernder Kräfte in den Chromosomen bei ihrer Teilung die Fähigkeit jede entsprechende „qualitativ ungleiche Teilung" ihres Materiales bis zur Verteilung auf die Tochterzellen durchzuführn]. Ich erlaube mir jedoch zu bemerken, daß dieses Argument eigentlich zuviel beweist. Für O. Hertwig ist ja das Chromatin ein Übermittler der Eigenschaften. Um aus dieser Annahme den Gang der Ontogenese mit ihrer Spezifikation und Differenzierung erklären zu können, muß man eine erbungleiche Teilung des Kernes voraussetzen, d. h. gerade diejenige Annahme machen, welche der vermeintlichen Teleologie der Mitose widerspricht. Die erbungleiche Teilung wurde übrigens in neuerer Zeit von den meisten Zytologen aufgegeben und dieser Umstand spricht eher gegen als für die führende Rolle des Chromatins in der Vererbung. Außerdem ist es mehreren Experimentatoren gelungen, durch künstliche

Eingriffe (Zentrifugieren des *Triton*-Eies nach Gurwitsch, Einwirkung von Äther auf *Spirogyra*-Zellen nach Nathanson u. a.) die normale Karyokinese durch Amitose zu ersetzen, bei welcher von einer regelmäßigen Verteilung des Chromatins nicht die Rede sein kann. Nach dem Aufhören der Einwirkung kehren die Zellen zur normalen Mitose zurück, ohne irgendwelche Degenerationserscheinungen aufzuweisen.

Ad 3. Die Reduktionsteilung beweist keineswegs die Identität der Erbmasse mit Chromatin. Der Kern als morphologische Einheit tritt nirgends allein auf, ebensowenig wie die Harnsäure außerhalb des Organismus produziert wird. Bei Befruchtung dringt der Kern des Spermatozoons samt seinem Protoplasma in das Ei ein und bei Reduktionsteilung wird ebenfalls ein Teil des Protoplasmas ausgestoßen. Die Reduktionskörperchen stellen nicht nur einen mit dem ihm mechanisch anhaftenden Protoplasma umgebenen Kern dar, sondern sie sind, wie das übrigens von O. Hertwig selbst hervorgehoben wurde, abortive Eier, welche unter Umständen befruchtet werden und die ersten Entwicklungsstadien durchlaufen können. Es sind auch Fälle, namentlich bei Protozoen, bekannt, wo die weibliche Keimzelle in vier gleichwertig funktionierende Teile zerfällt. Für die Spermatozoen ist das bekanntlich immer der Fall. Bei Reduktionsteilung wird nicht nur der Kern und das Zytoplasma, sondern das Plasma ausgestoßen und erst dieses letztere stellt die wirkliche „Erbmasse" dar.

Ad 4. Der Begriff des isotropen Protoplasma läßt sich kaum aufrecht erhalten. Isotrop kann nur das ideelle Plasma sein, also diejenige Substanz, welche eine Grundlage jeder Entwicklung bildet. In der Praxis aber erscheint das Plasma immer mit seinen Differenzierungsprodukten vermischt. Durch Differenzierung wird das Plasma zum Zytoplasma und Kern und es kommt auf besondere Entwicklungsbedingungen an, ob und inwiefern die Entwicklungsrichtung vom Zytoplasma abhängt. Die Entwicklung komplizierter Strukturen im Zytoplasma selber, wie bei Radiolarien und Foraminiferen, sowie die Versuche von Fischel an Ctenophoren, Wilson und Crampton an *Dentalium* und *Ilyanassa* bezeugen, daß auch das Zytoplasma einen Teil der formbildenden Potenzen enthalten kann und somit auch dessen Isotropie nur mit Vorbehalt angenommen werden darf.

Zum Schluß möchte ich noch darauf hinweisen, daß der Vorgang der Chromatin- bzw. Chromosomenbildung ein umkehrbarer ist. In Prophasen der Kernteilung wird das Kernplasma in Chromosomen umgewandelt und in den Telophasen geht das Chromatin in Kernplasma über. Dieses letztere ist aber während der Mitose mit dem Zytoplasma kontinuierlich verbunden. Im Laufe der Entwicklung wird schließlich das Chromatin aus dem Protoplasma gebildet. Wenn auch nach Godlewski, Conclin, Masing u. a. die Quantität des Chromatins während der Furchung keine Vermehrung erfährt, so findet doch eine solche auf späteren Stadien statt und die einzige Quelle der Chromatin- bzw. Nukleinsäurebildung bleibt das Protoplasma.

Diesen Abschnitt können wir mit denselben Worten schließen, mit welchen wir ihn begonnen haben. Alles in Allem neigt die Forschung zum Schlusse, daß sowohl der Kern, wie das Protoplasma „ernährungsphysiologische Modifikationen einer und derselben Plasmasorte, des Artplasmas" (Häcker 46, S. 143) darstellen. Es ist dabei zu beachten, daß selbst der Begriff des „Artplasmas" sich mit unserem „Plasma" vollkommen deckt.

VIII.

Der Gang der Ontogenese.

Im Nachstehenden soll der Versuch unternommen werden, die ersten Stadien der Ontogenese vom Standpunkte des Kontinuitätsprinzipes zu betrachten.

Schon von Anfang an stoßen wir an eine Schwierigkeit: was sollen wir als Anfang der Ontogenese bezeichnen? Nach allem vorher Gesagten kann die Geschlechtszelle, von welcher man die Entwicklung abzuleiten pflegt, nicht als ein solcher Ausgangspunkt aufgefaßt werden. Das Ei ist ein hoch spezialisiertes, mit zahlreichen ihm allein eigentümlichen Strukturen ausgerüstetes Gebilde, dessen Organe Anpassungen an seine eigenen Lebensbedingungen darstellen und keinen direkten Einfluß auf die Ontogenese ausüben können. Die komplizierten Eimembranen, Dotter, Pigment, Öltropfen u. dgl., dies alles hat doch mit der Entwicklung nichts zu tun. Mit einem Worte ist das Ei, ebenso wie die Larve bzw. die Imago ein gut morphologisch und physiologisch definierbares Glied der ontogenetischen Erscheinungskette und seine Strukturen stellen Maximalleistungen des Plasmas, die sich nicht weiter zu entwickeln vermögen, sondern dem Tode anheim fallen, dar. Wie immer, wird die Entwicklung durch die Vermittlung des undifferenzierten formlosen Plasma fortgesetzt. Im noch höheren Maße gilt das für Spermatozoen. Die Geschlechtszellen sind besondere Anpassungen des Organismus an die geschlechtliche Vermehrung. Kurz, das Ei enthält zwar den hypothetischen Ausgangspunkt der Entwicklung, ist aber mit demselben nicht identisch.

Dieselben Schwierigkeiten haften jedem Versuch, die Entwicklung von einer Form abzuleiten, an. Sobald man vom Entwicklungsanfang spricht, nimmt man einen Punkt der kontinuierlichen Erscheinungsfolge an, in welchem die Entwicklung noch nicht vorhanden ist. In Wirklichkeit aber existiert ein derartiger Punkt überhaupt nicht, weil die Entwicklung auf jedem Stadium der Onto- und Phylogenese vorhanden ist und niemals stehen bleibt.

[Nach Roux fällt der Anfang der individuellen Entwicklung in die von ihm unterschiedene Periode der „Vorentwicklung" und beginnt mit der ersten Ausbildung von Gestaltungen, welche von dem noch indifferenten unpersönlichen Keimplasma aus zur Bildung von Einzelwesen führen und unverändert oder verändert auf dasselbe übertragen werden (79 b, S. 1073; 79 f, S. 441)].

Unsere Frage nach dem Ausgangspunkt der Ontogenese ist demnach die Frage nach dem materiellen Träger der Entwicklung, welcher immer vorhanden ist. Wie schon wiederholt hervorgehoben, ist dieser Träger die formlose, wenig differenzierte lebendige Substanz, das Plasma, welches in derselben Beschaffenheit auf jedem Stadium der Ontogenese und des Lebens als der wirkliche formbildende Faktor vorhanden ist. Es sei hier ausdrücklich betont, daß diese Substanz in gewissem Sinne eine Abstraktion darstellt, weil sie in der Praxis niemals im reinen Zustande, sondern stets mit ihren Differenzierungsprodukten vermischt erscheint. Sich das Plasma als ganz undifferenziert vorzustellen, hieße dasselbe seiner Grundeigenschaft der Veränderlichkeit zu berauben. Das Plasma ist insofern eine Abstraktion, als das chemisch reine Chlornatrium in bezug auf das praktische Leben eine Abstraktion darstellt. Es ist hier noch zu bemerken, daß sich unser Plasma von dem Keimplasma Weismanns prinzipiell unterscheidet, weil dies letztere nach Weismanns Ansichten eine bestimmte feste Struktur besitzt, welche kontinuierlich von einer Generation auf die andere übergeht.

Diesem form- und strukturlosen Plasma, welches nirgends lokalisiert ist, sondern überall, in jedem Teile des Organismus, sowohl wie auf jedem Stadium der Ontogenese auftritt, müssen wir außer den elementaren Lebenseigenschaften, wie Wachstum, Ernährung, Assimilation usw. noch die Eigenschaft der Differenzierung, also die Fähigkeit der Formbildung zuschreiben. Dies ist keine Hypothese, sondern ein Ausdruck für die allgemein bekannte Tatsache, daß bei jeder Lebensäußerung, wie Stoffwechsel, Sekretion oder Entwicklung, Formen und Strukturen neuerzeugt werden. Es ist ferner eine Tatsache, daß die Differenzierung eines und desselben Plasmas, je nach den Bedingungen, verschiedene Produkte liefern kann, ähnlich wie eine komplizierte organische Verbindung, je nach den Reaktionsbedingungen, verschiedene Spaltungsprodukte ergibt. Es ist dasselbe Plasma, welches im gewöhnlichen Seewasser Kalknadel ausbildet und im kalkfreien einen Pluteus ohne Arme erzeugt; es ist dasselbe Plasma, welches die normale Struktur einer gegebenen Strecke des Eichenblattes bedingt und einen Millimeter weiter den Stich einer Gallmücke mit komplizierter und spezifischer Formbildung beantwortet; und es sind dieselben Chromogene und Fermente, welche im sauren Medium eine blaue, im alkalischen dagegen eine rote Färbung hervorrufen. Es liegt die Vermutung nahe, daß die Verschiedenheiten im Leben des Individuums tatsächlich durch die mannigfaltigen Reaktionen eines und desselben Plasmas erzeugt werden, daß also das Plasma für einen jeden Organismus (genauer für ein jedes Individuum) und zwar auf allen Entwicklungsstadien desselben etwas Konstantes ist, wahrscheinlich eine bestimmte chemisch-physikalische Zusammensetzung besitzt. Diese Vermutung wird durch viele Tatsachen unterstützt. In erster Linie gehört hierher die sog. Äquifinalität der Regeneration. Darunter versteht man die Tatsache, daß bei vielen Organismen ein und derselbe Körperteil aus verschiedensten Elementen wiederhergestellt werden kann. Um einen extremen Fall herauszugreifen, regeneriert ein winzig kleines Stückchen einer Planarie, aus beliebigem Orte des Tieres herausgeschnitten, einen verkleinerten vollständigen Organismus. Diese Tatsache kann nur durch Annahme einer Äquipotentialität des Planarienkörpers verständlich gemacht werden, also dadurch, daß wir im beliebigen Punkte des Körpers, unabhängig von dessen morphologischer Beschaffenheit, immer dasselbe Plasma antreffen, welches unter Umständen sämtliche Differenzierungen des Körpers zu reproduzieren vermag. Ein Planariaschnittstück erzeugt ferner dasselbe, was schon einmal aus dem Ei erzeugt wurde: wir stehen hier einer Wiederholung der Ontogenese gegenüber. Aus der Konstanz des Resultates bei denselben äußeren Bedingungen sind wir berechtigt, auf die Konstanz der Ursachen zu schließen, d. h. zu folgern, daß sowohl der Entwicklung wie der Regeneration eine und dieselbe Substanz zugrunde liegt. Es folgt außerdem daraus, daß das Plasma, als ideelle Substanz, Grundlage der Entwicklung, im Laufe der Ontogenese unverändert bleibt, daß also jeder Organismus eine für ihn charakteristische konstante Plasmasorte besitzt.

Infolge der fortgesetzten formbildenden Tätigkeit des Plasmas werden in demselben allmählich Differenzierungsprodukte angehäuft, deren Vorhandensein eine Verschiedenheit der Bedingungen schafft. Teilweise üben die erzeugten Strukturen einen hemmenden Einfluß auf das Plasma aus und können unter Umständen den Stillstand der Differenzierung des letzteren herbeiführen, wie z. B. in Haaren, Knochen, Hornzellen u. dgl. Die bereits vorhandenen Strukturen bilden einen bestimmten Reaktionszustand, von welchem die Spezifität der Formbildung abhängt. Mit anderen Worten, das Plasma schafft sich im Laufe der Ontogenese seine Entwicklungsbedingungen selbst. Der Satz, daß jedes ontogenetische Stadium die Ursache des nachfolgenden bildet, ist ungenau. [Roux sagt, daß derselbe nur soweit richtig ist, als die Entwicklung Selbstdifferenzierung des Eies bzw. des betrachteten Eiteiles oder Embryoteiles ist]. Denn die Ursache, die causa efficiens der Ontogenese, bleibt immer dieselbe und die Formen und Strukturen schaffen nur gewisse Bedingungen für die formbildenden Eigenschaften des Plasmas. Demnach können wir uns vorstellen, daß ein jeder Teil des Organismus auf jedem Entwicklungsstadium, als ein Ganzes betrachtet, eine verschiedene Stoffzusammensetzung, gewissermaßen eine verschiedene empirische Formel aufweist: es besteht aus dem konstanten, für jedes Individuum charakteristischen Plasma und aus verschiedenartigsten Differenzierungsprodukten desselben, welche allein für morphologische und chemische Verschiedenheiten verantwortlich gemacht werden können.

Das Plasma verändert sich aber im Laufe der Phylogenese und diese Veränderung hat die Evolution der gesamten Organismenwelt zur Folge. In bezug auf die Ontogenese können jedoch die Veränderungen des Plasmas vernachlässigt werden. Die Phylogenese ist ebenfalls kein Formproblem, sondern ein Problem der Substanz und sie beruht auf der kontinuierlichen Evolution des Plasmas.

Daraus ergibt sich eine dankbare Aufgabe für die Forschung. Wie man weiß, haben sich die großen Erwartungen, die man an die neueren chemischen Untersuchungen der Phylogenese anknüpfte, nicht erfüllt. Trotz aller Vollkommenheit der Methode haben weder Präzipitinforschung noch Wassermannsche Reaktion irgendwelche in bezug auf die Phylogenese sichere Ergebnisse gezeitigt. Und doch bleibt die Idee der chemischen Verwandtschaft der Stoffe bei morphologisch ähnlichen Organismen aufrecht. Jedoch ist die stoffliche Zusammensetzung der Organismen als ganzes Gebilde in hohem Maße von den Lebens- und Entwicklungsbedingungen abhängig und die „empirische Formel" selbst nahe verwandter Organismen kann sehr verschieden ausfallen. Aus diesem Grunde ist der Mißerfolg unvermeidlich, wenn man zur Untersuchung Körpersäfte und Extrakte aus ganzen Tieren verwendet. Denn chemisch verwandt sind nur die Plasmen und könnte man dieselben im reinen Zustand erhalten, würde die Präzipitinforschung wie die Wassermannsche Reaktion ein sicheres Mittel in den Händen der Phylogenetiker bilden. Das ist nun leider nicht möglich, weil wir im Organismus niemals das reine Plasma vorfinden. Diesem Ideale kann man sich jedoch bedeutend nähern, wenn man zur Darstellung der Extrakte möglichst wenig differenzierte Körperteile verwendet, weil diese, vorausgesetzt selbstverständlich daß sie überhaupt aus lebendiger Substanz bestehen, verhältnismäßig viel Plasma enthalten werden. Es kommen hier z. B. Spermatozoen (die Eier dürften wenig günstig sein) oder Leukozyten aus den Exsudaten der höheren Wirbeltiere in Betracht.

Es wäre prinzipiell unrichtig zu behaupten, das Plasma sei auf einzelne Zellen verteilt, von welchen jede bestimmte formbildende Eigenschaften besitze. Der Organismus, in jedem Momente seiner Existenz, ist ein kontinuierliches Ganzes, eine Masse des Plasmas, in welchem verschiedene Differenzierungsprodukte eingebettet liegen. Zu diesen Produkten gehören, neben den zellulären Strukturen, ebensogut die Zellulärzwischenwände. In stofflicher Hinsicht können übrigens diese letzteren direkt dem Plasma angehören, indem sie z. B. in den meisten tierischen Zellen aus denselben Stoffen wie der übrige Zellenkörper zusammengesetzt sind und sich hauptsächlich nur durch eine größere Oberflächenspannung auszeichnen. In den Fällen, wo die Zellwände leblose Differenzierungsprodukte darstellen, wie in den pflanzlichen Zellen, bleiben doch die Zellkörper in kontinuierlicher stofflicher Verbindung.

Alle unsere Ausführungen stehen mit den Ergebnissen der experimentellen Embryologie im besten Einklange. Es wurde von Driesch klar erkannt, daß das Echinidenei keinen Entwicklungsanfang, sondern ein Entwicklungsstadium darstellt. Dasselbe besteht, nach unserer Auffassung, aus dem für die betreffende Tierart charakteristischen Plasma und aus dessen Differenzierungsprodukten, welche sich in der Entwicklung passiv verhalten. Das Protoplasma des Echinideneies ist ein anisotropes Gebilde, dessen animale und vegetative Bezirke nicht die nämliche Leistungsfähigkeit besitzen. Aus Isolierungsversuchen geht hervor, daß die Zellen der vegetativen Hemisphäre, trotz ihrer größeren relativen Sterblichkeit, eine vollständige Gastrula liefern, wogegen die animalen Blastomeren nur eine Blastula mit hellem Protoplasma und charakteristischen langen Zilien ergeben und nur selten eine Urdarmeinstülpung aufweisen. Also schon das Protoplasma des Eies ist polar differenziert, und es läßt sich mit Driesch vermuten, daß diese Polarität mit der Ernährungsweise des jungen Eies zusammenhängt. Das Ei ist nämlich mit einem Pole, welcher der späteren Mikropyle entspricht, an die Ovarialwand angeheftet und die in das Eiinnere gelangenden Stoffe werden dadurch ungleichmäßig verteilt. Damit könnte z. B. eine etwas größere Zähigkeit des Protoplasmas am animalen Pole hervorgerufen werden und dieser Umstand allein erklärt uns schon, warum die Furchung keine äquale ist und warum die Mikromeren gerade am vegetativen Pole entstehen.

Denn sobald das Ei am animalen Pole seine Nahrungsstoffe aufnimmt, ist eine Anhäufung der letzteren in dieser Gegend leicht zu verstehen, was mechanisch zur inäqualen Teilung führt. Daraus ersehen wir, wie wir uns das Präformationsproblem vorzustellen haben. Durch eine geringere Zähigkeit des Protoplasmas am vegetativen Pole sind die Mikromeren daselbst prädestiniert, weil die Furchungsebenen den Richtungen des geringsten Widerstandes folgen. Diese Präformation kann aber nur eine approximative sein; und wiederum stimmt das mit Tatsachen sehr gut überein. Im Normalfalle halbiert die erste Furche den Pigmentring und die Mikromeren entstehen am Schnittpunkte der ersten und zweiten Furchungsebenen, an der dem Mikropyle entgegengesetzten Pole. Bei den zentrifugierten Eiern kann die Lage der Furchen in bezug auf die Mikropyle eine verschiedene sein und die Mikromeren können an jedem beliebigen Schnittpunkte der ersten drei Furchungsebenen zur Ausbildung gelangen. Nach Morgan und Spooner zeigen sie aber die Tendenz sich an demjenigen Schnittpunkte zu bilden, welcher zur Antipoden der Mikropyle am nächsten liegt. Die Bildungsstätte der Mikromeren ist somit durch die physikalische Beschaffenheit der vegetativen Hemisphäre prädestiniert, sie ist jedoch keine genaue, indem sie sich fast auf die ganze vegetative Halbkugel erstreckt. Das Zentrifugieren kann die Pigmentkörnchen und gröbere Dotterpartikelchen verlegen, ist aber unvermögend die feinere Polarität des Protoplasmas zu verändern. Was ferner die Rolle der Mikromeren anbelangt, so haben dieselben zwar eine Entstehungsursache, dafür aber keinen Entstehungszweck; durch künstliche Eingriffe können die Mikromeren, wie schon oben erwähnt, ganz ausgeschaltet werden, ohne die normale Entwicklung zu verändern. Schließlich ist auch die Polarität des Eiprotoplasmas keine starre und genaue. Es wurde von Driesch nachgewiesen, daß der Unterschied zwischen den Potenzen der animalen und vegetativen Keimhälften kein absoluter zu sein braucht und daß Blastomeren aus beiden Gebieten gelegentlich dasselbe leisten können. [Es ist aber dabei nach Roux wieder zu berücksichtigen, daß dies nicht für die typische Entwicklung, nicht für die Selbstdifferenzierung des Eies bzw. der Furchungszellen gilt, sondern erst nach determinierenden äußeren Einwirkungen stattfindet, also atpyisches Geschehen darstellt].

Die Richtung der Furchungsebenen ist durch die Richtung des geringsten Widerstandes gegeben. Im Normalfalle hängt dieselbe von der relativen Lage der Eisubstanzen ab, im Experimentalfalle wird sie durch äußere, in bezug auf die Entwicklung zufällige Einwirkung aufgezwungen, wodurch das Verhältnis zwischen dem geometrischen Blastomer und dessen physikalischem Inhalt gestört werden kann. Nachdem aber in allen Versuchen an Echiniden, wo die Blastomeren im Verbande mit dem Ganzen belassen werden, das Entwicklungsresultat von der Lage der Furchen unabhängig ist, ersehen wir daraus, daß die Zusammensetzung des Keimes aus Zellen für die Entwicklung nicht maßgebend ist. Von den prospektiven und retrospektiven Potenzen der Blastomeren abgesehen, ist die Furchung ein physikalischer Vorgang, welcher durch die physikalisch-chemische Beschaffenheit des Plasmas bestimmt wird und nicht von dem späteren Schicksal der betreffenden Elemente abhängig sein kann. Wir wissen noch sehr wenig, welche Faktoren hier in Betracht kommen, aber aus den Untersuchungen von Loeb und seinen Nachfolgern läßt sich schließen, in welcher Ebene die Lösung der Frage liegt.

Die Entstehung der Blastula verschafft uns keinerlei prinzipielle Schwierigkeiten. Die Blastula, als Ganzes genommen, ist ein polar differenziertes Gebilde, welches seine Polarität unmittelbar von dem Ei übernommen hat. Dieser Umstand ist besonders zu beachten. Die verschiedene Leistungsfähigkeit und verschiedene Differenzierung der einzelnen Blastulazellen führt sich nicht auf besondere, den Zellen innewohnende Potenzen zurück, sondern sie ist von der verschiedenen lokalen Differenzierung des kontinuierlichen Plasma abhängig. Die Blastula ist als eine einheitliche ganze Bildung aufzufassen und die Zerschneidungsversuche ergeben dieselben Resultate wie die entsprechenden Versuche am ungefurchten Ei bzw. an den ersten Furchungsstadien.

Die Gastrulation ist abermals ein physikalischer Vorgang. Der Punkt, an welchem die Einstülpung eintritt, ist wahrscheinlich durch dieselbe geringere Zähigkeit des Protoplasmas am vegetativen Pole, welche ein Widerstandsminimum bildet, ungefähr präformiert. Nach O. Hertwig wird das Entoderm erst durch seine Lage im Innern des Keimes zum Entoderm und prinzipiell könnte aus jedem Teile der Embryo entstehen. Herbst bezeichnet diese Auffassung als einen Irrtum. Bei den Larven,

welche sich in einer Li-Lösung entwickelten, wurde das Entoderm nicht
ein-, sondern ausgestülpt und dennoch hat es, trotz seiner veränderten
Lage, die charakteristischen histologischen Merkmale beibehalten. Nach
Driesch sind das Ento- und Ektoderm, nach erfolgter Urdarmeinstülpung, vollkommen autonome, sich selbst differenzierende Gebilde. Ich
glaube, die wirklichen Verhältnisse liegen in der Mitte. Es ist richtig,
daß das Entoderm erst durch seine Lage zum Entoderm wird, es ist jedoch
nicht richtig, daß dasselbe in jedem Punkte des Keimes gebildet werden
könnte. Das Entoderm kann nur an dem Punkte des geringsten Widerstandes entstehen und dieser Punkt ist schon im Ei annähernd prädestiniert. Folglich ist nur eine bestimmte Gruppe von Zellen dazu befähigt.
Was nun die Lage anbelangt, so ist diese gewiß nicht nur geometrisch zu
nehmen. Das Schicksal des Blastomers ist eine Funktion seiner stofflichen Zusammensetzung und stofflichen Umgebung; dieselben führen
sich aber auf die ungleichmäßige Verteilung der Stoffe im Ei zurück, sind
also ihrerseits eine Funktion der Lage, namentlich der Lage der Furchungsebenen in bezug auf die Stoffe des Eies. Das Schicksal der arm-
bildenden Zellen des Pluteus wird durch ihre stoffliche Umgebung, d. h.
durch ihre Nähe zu den Skelettbildnern bestimmt. Außerdem muß aber
die betreffende Zelle einen entsprechenden Differenzierungsgrad besitzen,
um an der Armbildung teilnehmen zu können. Folglich nicht eine jede
beliebige Zelle des Pluteus ist dazu befähigt; die entsprechend differenzierten Zellen, welche sich in der Nähe des kritischen Punktes befinden,
sind zur Armbildung gewissermaßen prädestiniert, ebenso wie das Protoplasma der vegetativen Hälfte des Eies zur Mikromerenbildung prädestiniert ist. Folglich ist die Präformation keine prinzipielle Verschiedenheit
der Elemente, sondern eine rein quantitative Erscheinung.

Das gilt vollauf für die typische determinative Entwicklung. In den
Ergebnissen der Experimentalforschung werden gewöhnlich Elemente
der Determination in der Entwicklung der Echiniden erblickt. Wir
werden dieselben aber anders zu verwerten haben, namentlich dahin,
daß auch der starre konstante Entwicklungsgang der Anneliden, Mollusken und Ascidien nicht von der Form, sondern von der Substanz abzuleiten ist. Denn in der Tat sind hier die Verhältnisse nur quantitativ
verschieden. Wenn die isolierten Blastomeren einer *Nereis*, *Patella* oder

Ilyanassa genau dasselbe liefern, was sie im Verbande mit dem Ganzen geliefert haben würden und dann dem Tode anheimfallen, so beweist das nur eine konstante Verteilung der Substanzen auf die Blastomeren. Im unbefruchteten Ascidienei sind die verschieden gefärbten Stoffe wahllos miteinander vermischt und erst nach der Befruchtung tritt eine scharfe Sonderung ein und das Ei bekommt einen bilateral-symmetrischen Bau. Dadurch wird die Lage der Furchungsebenen, bzw. das Schicksal der Blastomeren bestimmt. Bei Ctenophoren ist die Differenzierung des Protoplasmas eine sehr scharfe und die Blastomeren besitzen einen hohen Grad von Unabhängigkeit: ein Blastomer kann sich auch im Verbande mit dem Ganzen, unabhängig von den anderen teilen. Das deutet auf eine zähe kolloidale Konsistenz des Protoplasmas hin, was uns erklärt, warum das isolierte Blastomer eine längere Zeit seine Individualität beibehalten kann. Indes braucht im Ctenophorenei die Präformierung keine genaue zu sein. Ziegler schnitt von den Eiern von *Beroë* denjenigen Teil des Protoplasmas ab, welches bei normaler Entwicklung die „Rippenbildner" (Mikromeren) erzeugt. Trotzdem bildete das Ei 8 Mikromeren und später 8 Rippen aus. Man sieht also, daß die Determination, ähnlich wie bei Ascidien, erst später ausgebildet wird, daß also die Stoffe, welche für die Entwicklungsrichtung maßgebend sind, erst im Laufe der Entwicklung entsprechend verteilt werden. Das Ei als solches ist immer eine Mischung.

Zusammenfassend können wir sagen: die Ontogenese beruht auf der Differenzierung einer kontinuierlichen, formlosen Substanz, des Plasmas. Streng genommen, besitzt dieses Plasma einen hypothetischen Charakter, weil es in der Natur niemals im reinen Zustande, sondern stets mit seinen Differenzierungsprodukten vermischt auftritt. Das Plasma ernährt sich, assimiliert und wächst, indem es fortwährend neue Formen und Strukturen erzeugt, ohne sich selbst merklich zu verändern. Für unsere praktische Erfahrung bleibt das Plasma immer dasselbe, weil seine Veränderung der Phylogenese angehört. Dasselbe ist in jedem Teile des Organismus und auf jedem Entwicklungsstadium vorhanden; konkret steht es den am wenigsten differenzierten Elementen des Körpers wie Wanderzellen, Archeozyten, Leukozyten, Bindegewebezellen u. dgl. am nächsten. Mit fortschreitender Differenzierung eines Körperteiles wird der Plasmagehalt desselben herabgesetzt, bis entweder das gesamte Plasma in seine Differenzierungsprodukte übergeht (quergestreifte Muskelzelle) oder aber es wird in seiner Tätigkeit durch angehäufte Strukturen gehemmt; in beiden Fällen wird die Entwicklung sistiert. Die bereits erzeugten Strukturen schaffen für das Plasma eine spezifische Umgebung, welche die Richtung der weiteren Differenzierung beeinflussen. Die am wenigsten differenzierten Elemente des Körpers enthalten demnach die meisten Entwicklungsmöglichkeiten. Die Archeozyten einer Spongie vermögen die maximale Leistung an Differenzierung zu vollbringen: den gesamten Spongienkörper zu erzeugen. Man sagt in solchen Fällen, der Archeozyt habe sich in ein Ei verwandelt. Für uns bleibt diese Bezeichnung ohne Belang, weil wir das Ei einfach als undifferenziertes Plasma, welcher Provenienz auch dasselbe sein mag, auffassen. Eine quergestreifte Muskelzelle vermag sich dagegen nicht weiter zu entwickeln, weil ihr ganzes Plasma in Differenzierungsprodukte übergegangen ist. Ihre Differenzierung erweist sich jedoch als umkehrbar und nach weitgehender Rückbildung kann sie die neue Differenzierung antreten (vgl. S. III).

Eine Madonna della Sedia, sagt Driesch, durch die Lupe betrachtet, löst sich in einem Haufen von Klecksen auf. Soll denn das ewige Studium der Kleckse die einzige Aufgabe der Wissenschaft bilden? Hier sind zwei verschiedene Standpunkte auseinander zu halten. Die Ontogenese wird zu einem unordentlichen Klecksenhaufen, wenn wir unser Augenmerk ausschließlich auf die „autonomen" Elemente des Organismus richten und die ganze Erscheinung, wie sie uns tatsächlich gegeben ist, aus dem Auge verlieren. Hier trifft der Einwand Drieschs das Richtige. Andererseits aber stehen wir der Zweckmäßigkeit der ontogenetischen Formen gegenüber, also der Idee, daß sich diese losen Kleckse durch irgendeinen wunderlichen Mechanismus zu einem harmonischen Ganzen koordinieren. Das Kontinuitätsprinzip verschafft uns eine einfachere Lösung. Für ihn ist der Organismus ein einheitliches Ganzes, welches auf jedem Entwicklungsstadium einen Selbstzweck darstellt. Die organische Form ist eine kontinuierliche Naturerscheinung, ein in der Gegenwart gegebenes Untersuchungsobjekt, in welchem wir konventionell verschiedene Teile unterscheiden. Die Koordinierung der Elementarerscheinungen zum Gesamtphänomen ist ein Scheinproblem, weil die Autonomie der Zellen und Organe des Embryo uns in der Erfahrung gar nicht gegeben ist. Eben die Annahme einer Zielstrebigkeit der Ontogenese macht die Erscheinung unverständlich. Wenn der Zweck der Entwicklung in der Erzeugung des Imago liegt, wozu wird aus dem Ascidienei eine amphioxusähnliche Larve erzeugt, von welcher bei der Imago keine Spur übrig bleibt? Zu welchem Zweck ist eine Penaeide verurteilt, einige zehn verschiedene Larvalformen durchzulaufen bis die Imago gebildet wird? Warum ist überhaupt die indirekte Entwicklung da? Vielmehr müssen wir annehmen, daß jedes ontogenetische Stadium den Zweck der Entwicklung bildet, daß das Zweiblastomerenstadium dazu da ist, um dem Vierblastomerenkeime Ursprung zu geben. In diesem Falle fällt aber die teleologische Betrachtung mit der kausalen zusammen, da wir schließlich zu einem Punkte kommen, in welchem die Ursache und Wirkung, der Zweck und das Mittel zeitlich nicht mehr auseinander liegen.

Der Naturforscher versteht den Zweck der Ontogenese in einem anderen Sinne. Für ihn sind die organischen Formen zweckmäßig, weil dieselben mit ihren Lebensbedingungen in Harmonie stehen [und weil sie (nach Roux) die „Dauerfähigkeit" der Lebewesen im, trotz und durch den Stoff- und Energiewechsel herstellen oder erhöhen (79b, S. 1075).] Sobald man zugibt, daß in der Natur überhaupt keine provisorischen Formen vorhanden sind, sondern daß jede Bildung nur um ihretwillen da ist, wird man auch damit einverstanden sein müssen, daß die stammesgeschichtliche Entstehung der ontogenetischen Stadien dasselbe Problem bildet, wie die Entstehung der Anpassungen überhaupt. Es ist nicht richtig, daß die Selektionstheorie mit Zweckmäßigkeiten operiert. Ihr Standpunkt ist ein durchaus positiver und ihre Aufgabe ist es zu zeigen, wie die Bildungen, welche wir als zweckmäßig bezeichnen, auf kausalem Wege zustande gebracht werden.

IX.

Regeneration.

Es ist von vornherein klar, daß wir in der Regeneration mit demselben Problem zu tun haben, welches uns in der Entwicklung entgegentritt. Das Wiederherstellen eines verloren gegangenen Teiles ist im Prinzipe nichts anderes als derselbe Vorgang, welcher schon einmal zu dessen Bildung geführt hat. Regeneration ist eine teilweise Wiederholung der Ontogenese. Dieser Satz ist allerdings cum grano salis zu nehmen. Er will nur besagen, daß sowohl die Ontogenese wie die Regeneration auf denselben Eigenschaften der lebendigen Substanz beruhen, namentlich auf ihrer Differenzierungsfähigkeit. Aber die beiden Prozesse brauchen nicht identisch zu verlaufen, weil sie doch in der Regel unter recht verschiedenen Bedingungen stattfinden.

Der Ausgangspunkt der Regeneration und der Ontogenese ist immer derselbe. Es ist daher eine Konvention zwischen typischer und atypischer Regeneration, bzw. zwischen Regeneration und Restitution zu unterscheiden. Die Regeneration sei typisch, wenn das sich wieder bildende Organ aus demselben Material wie in der normalen Ontogenese stammt. Es handelt sich aber ganz und gar nicht um das morphologische Material. Wenn die Linse des Tritonauges sich aus dem Hautepithel entwickelt und aus dem Irisrande regeneriert, so werden doch beide Prozesse nicht durch das Vorhandensein dieser oder jener Strukturen in den betreffenden Zellen ermöglicht, sondern sie führen sich auf die formbildenden Eigenschaften des Plasmas zurück. [Roux hat das Regenerationsproblem schon 1881 wenigstens im Prinzipiellen mechanistisch abgeleitet, indem er zeigte, daß bei der Regeneration keineswegs ein „nicht mehr reell existierendes" Ganze seinem ideellen Typus entsprechend und etwa durch diesen (Entelechie) wieder hergestellt zu werden braucht, sondern daß das Ganze in dem von Roux in vielen Zellen des entwickelten Körpers angenommenen „Resten wirklich embryonalen (später Keimplasma genannten) Stoffes" noch reell potentiell vorhanden ist und durch seine determinierende Wirkung die Ergänzung des Entwickelten bewirken kann (79b, S. 1065, 79f).] Wir wissen, daß das Plasma eine für jeden Organismus konstante Größe darstellt und deswegen bleibt das Material, aus welchem die Regeneration oder die Ontogenese ausgehen, immer dasselbe. Es versteht sich von selbst, daß der Differenzierungsgrad einer Zelle für deren Regenerationsrichtung und Verlauf ausschlaggebend ist. Jede Regeneration vollzieht sich in einer bestimmten stofflichen Umgebung, welche die Formbildung beeinflußt. Es ist genau dasselbe, was wir in der Ontogenese gesehen haben. Mit Erzeugung einer jeden Form verliert das Plasma einen Teil seiner Differenzierungsfähigkeit, bis entweder die angehäuften Differenzierungsprodukte die weitere Formbildung unmöglich machen, wie in einer Knochen- oder Holzzelle, oder das gesamte Plasma in diese Produkte übergegangen ist. In beiden Fällen wird die weitere Differenzierung sistiert. Daraus folgt aber, daß, je weniger differenziert das Plasma, desto mehr vermag es zu leisten. Also einerseits die Gebilde, in welchen das ganze Plasma in Differenzierungsprodukte übergegangen ist, müssen regenerationsunfähig sein und andererseits kann die Maximalleistung, d. h. die Erzeugung des ganzen Organismus nur durch minimal differenzierte Elemente vollbracht werden. Beide Folgerungen stehen im besten Einklange mit Tatsachen. Es ist eine altbekannte Tatsache, daß die Regenerationsfähigkeit mit dem Differenzierungsgrade abnimmt, und ich brauche mich hier nicht damit aufzuhalten. Es ist aber auch eine allgemein gültige Regel, daß jede Regeneration von den am wenigsten differenzierten Elementen ausgeht, wobei die Spezifität der letzteren entweder gar keine oder nur eine untergeordnete Rolle spielt.

Betrachten wir einige Beispiele. Bei den Arthropoden „in Verbindung mit einer ziemlich weitgehenden Rückbildung verletzter oder nicht verwendbarer Teile entstehen die neuen Glieder" (Korschelt 55, S. 63). Also die hoch differenzierten Teile sind regenerationsunfähig und müssen erst rückgebildet werden, um den Regenerationsprozeß antreten zu können. Das ist das Mittel, den komplizierten Gebilden des Organismus die Regenerationsfähigkeit zu verschaffen. Bei dem beschädigten Muskel eines höheren Wirbeltieres geht an der betreffenden Stelle die kontraktile Substanz samt ihrer hohen Differenzierung unter Bildung rundlicher Klumpen zugrunde. Die Kerne umgeben sich mit abgerundeten Bezirken des undifferenzierten Protoplasmas und die daraus entstandenen kugelförmigen Zellen bleiben innerhalb des alten Sarkolemms liegen, die sog. Muskelschläuche bildend. Später geht auch das Sarkolemm zugrunde, die Muskelzellen nehmen eine spindelförmige Gestalt an und beginnen die Differenzierung. Für diese Vereinfachung der Form muß ohne Zweifel der Beschädigungsreiz verantwortlich gemacht werden, obwohl wir nicht wissen, welcher Zusammenhang zwischen beiden besteht. Von unserem Standpunkte bedeutet diese Rückdifferenzierung oder einfacher, das Zugrundegehen von Strukturen nichts anderes, als die Verwandlung der Formen in das undifferenzierte Plasma; denn das Plasma ist ja nichts mehr als eine undifferenzierte lebendige Substanz. Dadurch erlangt das betreffende Element wieder seine Regenerationsfähigkeit. Es handelt sich hier nicht um eine Zweckmäßigkeit. Das Gebilde tritt die Rückdifferenzierung an nicht um die Regeneration zu ermöglichen, sondern weil die Rückbildung eine direkte Beantwortung des Beschädigungsreizes darstellt. Sie wird offenbar so weit gehen bis das Gleichgewicht zwischen dieser durch den Reiz hervorgerufenen „Vereinfachungstendenz" einerseits und der durch die Rückbildung wiedererweckten Regenerationsfähigkeit, welcher dank dem Wegfallen der hemmenden Umgebung nichts mehr im Wege steht, andererseits erreicht wird. Tatsächlich gehen nach jeder Amputation die Strukturen am betreffenden Orte regelmäßig zugrunde und wir erhalten an der Entnahmestelle einen Haufen wenig differenzierter, runder Zellen verschiedenster Provenienz, welche unter Umständen alles zu leisten vermögen. Bei den Anneliden „schon die Neubildung des Körperepithels ... braucht sich ... nicht gerade durch Verschieben des Epithels von den Wundrändern her, gefolgt oder begleitet von Zellvermehrung, zu vollziehen, sondern diese letztere kann so stark überwiegen, daß die Wundstelle von einer mehrschichtigen und ziemlich dicken Lage junger Zellen überdeckt erscheint, aus welcher sich erst mit der weiteren fortschreitenden Differenzierung der neu zu bildenden Teile auch das Körperepithel als oberflächliche Zellenlage abhebt. Mehr noch kommt eine solche Abweichung für die darunter liegenden Partien der Körperdecke, nämlich für den Hautmuskelschlauch in Betracht, indem dessen neu zu bildende Partien sicher nicht aus den noch vorhandenen alten Teilen hervorgehen. Vielmehr entsteht seine äußere Lage, die Ringmuskelschicht, aus Elementen jener oberflächlichen Zellenwucherung und dasselbe kann auch für die innere Lage, d. h. Längsmuskelschicht gelten, wenn diese nicht von tiefer gelegenen, gleichfalls noch indifferenten Zellen der sog. Mesodermanlage herrühren". Das Nervensystem wird gebildet „ebenfalls nicht von den alten Teilen, sondern ganz ähnlich wie die Muskulatur durch Wucherung neueren, gewissermaßen embryonalen Bildungsmaterials vom Ektoderm, d. h. der oberflächlichen Zellenlage her". „In einer damit recht übereinstimmenden Weise dürfte auch die Neubildung der Dissepimente, Nephridien und Blutgefäße erfolgen, d. h. sie geht ebensowenig von den noch vorhandenen alten Organen als vielmehr von jener schon mehrfach erwähnten Wucherung der äußeren, gewissermaßen indifferenten Zellenschicht aus" (Korschelt a. a. O., S. 66 ff.).

Die Versuche von Wilson, Anandale und neuerdings von Piatakow haben gezeigt, daß eine zerriebene, in einzelne Zellen zerlegte Spongie das Ganze wieder herzustellen vermag. Der Regenerationsprozeß geht von einem Haufen von Archeozyten, welche sich zu Klumpen zusammenballen und die Differenzierung antreten, aus. Dieselbe Archeozytengruppe bildet den Ursprung der Knospe, Gemmule, Soriten, sowie der geschlechtlichen Vermehrung. Ein minimal differenziertes Element des Körpers vermag die maximale Leistung an Differenzierung zu entfalten.

Die Geschlechtszellen, wie schon hervorgehoben, sind keine prädestinierten Elemente des Körpers. Vielmehr verdanken sie ihre sämtlichen Potenzen dem Umstande, daß sie unmittelbar von den Elementen stammen, welche in der ontogenetischen Differenzierung entweder gar nicht oder nur in geringem Maße teilgenommen haben.

Interessant sind die von J. Nusbaum und M. Oxner beschriebenen histologischen Vorgänge bei Regeneration der Nemertinen. Im Anfangsstadium der Regeneration eines *Lineus ruber* bemerkt man im ganzen Stücke und besonders im Bereiche der Schnittwunde zahlreiche sog. Wanderzellen. Das sind große rundliche Zellen mit großem Kern und wenig differenziertem Protoplasma, welche aus der Cutis ihren Ursprung nehmen. Diese Wanderzellen gesellen sich den übriggebliebenen Zellen des Rhynchodaeums, dringen zwischen dieselben ein und fallen dem Zerfalle anheim, indem die in ihrem Innern durch Resorption der Gewebe

angehäuften Reservestoffe frei zwischen den Rhynchodaeumzellen liegen
bleiben. Aus dem so entstandenen Gewebe wird dann das neue
Rhynchodaeum gebildet. Also, nach der Operation tritt eine Vereinfachung der benachbarten Gewebe ein und die am wenigsten differenzierten Elemente — die Wanderzellen — liefern den Stoff, von welchem
die Regeneration ausgeht.

Analoge Verhältnisse wurden vielfach für die höheren Wirbeltiere
angegeben (vgl. F. Marchand). Auch hier sammeln sich im Bereiche
der Schnittwunde zahlreiche Leukozyten, deren Menge die gesamte, im
ganzen Körper enthaltene Menge vielfach übertreffen kann. Wahrscheinlich stammt der große Teil derselben von dem benachbarten Bindegewebe
(welches der Cutis der Nemertinen entspricht). Die meisten Leukozyten gehen zugrunde und liefern die zur Regeneration notwendigen
Substanzen.

Bei Betrachtung der Regenerationserscheinungen stoßen wir auf die
Frage, warum der Regenerationsstamm gerade das wiedererzeugt, was
von ihm entfernt wurde, nicht mehr und nicht weniger? Zunächst
machen die Erscheinungen der Heteromorphose diesen Satz nicht abso-
lut gültig, weil zuweilen etwas ganz anderes erzeugt wird, als man gerade
braucht. Aber auch von der Heteromorphose abgesehen, machen wir
die Erscheinung erst durch eine konventionelle Annahme kompliziert,
namentlich durch die Annahme, daß die Regeneration von den Zellen
der Schnittwunde ausgeht. Ich wiederhole das nochmals: der Organismus
besteht nicht aus einzelnen Elementen, sondern er ist ein kontinuierliches
Ganzes, eine einheitliche lebendige Substanz mit den darin enthaltenen
Differenzierungen und dieses Ganze vermag auf die Einwirkungen der
Außenwelt nur einheitlich zu reagieren. Wenn wir vom Organismenkörper einen Teil entnehmen, wird dadurch der ganze Organismus in
Mitleidenschaft gezogen. Jeder Organismus stellt einen gewissen Gleichgewichtszustand, um uns eines physikalischen Vergleiches zu bedienen,
dar, und dieses Gleichgewicht wird automatisch nach jeder Störung
wieder hergestellt. Entnehme ich von einem Wassertropfen einen Teil,
so nimmt der Rest die ursprüngliche runde Form wieder an, und zwar tut
er das nicht durch das autonome Verhalten der Moleküle an der Entnahmestelle, sondern er reagiert auf die Einwirkung als ein einheitliches

Ganzes. Wenn ich eine Metallkugel in zwei ungleiche Teile zerschneide, beide auf dieselbe Temperatur erwärme und dann die Wärmeausstrahlung der beiden Schnittflächen messe, werde ich mich da wundern, wieso genau gleiche Flächen, welche genau dieselben Moleküle und in derselben Anordnung enthalten, verschiedene Wärmemengen ausstrahlen? Die Moleküle geben ja nicht ihre eigene Wärme ab, sondern sie sind nur Übermittler der Energie des ganzen Stückes. Und könnte man die Moleküle der Schnittfläche isolieren, würden sie eine Wärmemenge ausstrahlen, welche ihrer eigenen Masse, nicht aber ihrer Provenienz vom größeren bzw. kleineren Stücke entspricht. Es ist auch klar, daß jedes Molekül genau dasselbe leistet, was jedes andere an seiner Stelle leisten würde. Warum sollen wir uns aber darüber wundern, daß eine quer zerschnittene *Clavellina* nach vorn den Kiemenkorb, nach rückwärts dagegen den Eingeweidesack regeneriert, obwohl die Schnittwunde in beiden Fällen dieselben Zellen enthält? Nun sind auch hier die Zellen lediglich Übermittler der Fähigkeiten des ganzen Stückes und keine primären Instanzen der Regeneration. Und könnte man diese Zellen isoliert regenerieren lassen, würden sie weder den Vorder- noch den Hinterkörper erzeugen, sondern sich wahrscheinlich in einen Haufen wenig differenzierter Zellen verwandeln, welche unter Umständen den ganzen Organismus wieder herzustellen imstande wären. Die Regeneration wird unverständlich, wenn wir den Organismus als eine Kolonie unabhängiger Wesen betrachten, deren Einzelleistungen sich zu einer Gesamtleistung koordinieren. Denn gerade diese Koordination verwickelt die Frage. Wenn wir aber klar erkennen, daß die kontinuierliche lebendige Substanz in ihren verschiedenen Teilen verschiedene Formen annimmt, werden wir auch ersehen, daß diese Teile durch die Substanz bestimmt werden und nicht umgekehrt. Die Wellenbewegung der Füße eines *Julus* und die Zilienbewegung eines *Spirostomum* werden sicher durch analoge Ursachen hervorgerufen, obwohl ein Arthropodenbein aus vielen hoch spezialisierten Zellen besteht, wogegen die Zilie eines Infusors nur ein Stückchen Protoplasma darstellt. Eine Zilie ist kein autonomes Wesen und die Bewegungen der einzelnen Zilien werden nicht zur Wellenbewegung koordiniert, sondern eben diese Koordination ist das Primäre, welches in jedem Augenblicke die Lage jeder einzelnen Zilie bestimmt. Das geht aus dem bekannten Versuche Verworns (derselbe läßt sich in derselben Form bei *Julus* ausführen) unzweideutig hervor.

Wenn wir jetzt zu der oben aufgeworfenen Frage, warum der Organismus gerade das Notwendige regeneriert, zurückkommen, werden wir sehen, daß dieselbe mit der Frage nach den Ursachen der Sistierung der Entwicklung identisch ist. Das abgeschnittene Bein wird in ursprünglicher Größe wiederhergestellt und wächst nicht ins Unendliche; aber genau dasselbe geschah schon einmal in der Ontogenese, wo sich aus einem Haufen wenig differenzierter Zellen der Beinanlage ein Bein entwickelte. Den Stillstand der Entwicklung haben wir auf den störenden Einfluß der angehäuften Differenzierungsprodukte, bzw. auf die Erschöpfung des Plasmas zurückgeführt. Selbstverständlich ist diese Erklärung viel zu einfach, um allen ontogenetischen Vorgängen gerecht zu werden, und es sind hier sicher noch mehrere andere Faktoren mit im Spiele, aber sie bezieht sich doch auf die allgemeine Eigenschaft jeder Formbildung, weil sie eine allgemeine Eigenschaft jedes Plasmas zum Ausdruck bringt.

Was nun die Spezifität der Regeneration anbelangt, so ist es klar, daß die morphologische Beschaffenheit der Zellen an der Operationsstelle nur eine sehr untergeordnete Rolle spielen kann. Ob die Schnittwunde Ektoderm oder Mesoderm, Leberzellen oder Darmzellen enthält, geht die Regeneration nicht von vorhandenen Strukturen, sondern vom undifferenzierten Plasma aus und der Ausgangspunkt des Regenerationsprozesses bleibt, pimär betrachtet, immer derselbe. Daraus folgt unter anderem die Zwecklosigkeit der Angriffe, welche aus den Regenerationserscheinungen gegen die Spezifität der Keimblätter unternommen wurden. Das Keimblatt ist ein morphologischer Begriff, ein topographischer Ausdruck, die Regeneration dagegen ist keineswegs an irgendwelche Formen und Strukturen gebunden. Ihre Voraussetzung ist nur das Vorhandensein des Plasmas und ein gewisser Differenzierungsgrad derselben, welcher nicht überschritten werden darf. Nach Korschelts Ausdruck ist die Regeneration nicht auf ein bestimmtes Material angewiesen, sondern sie greift nach jedem, das ihr zur Hand liegt.

Dennoch besteht für die Regenerationserscheinungen die allgemeine Regel, daß Gleiches aus Gleichem erzeugt wird. Dieses Problem ist der determinativen Entwicklung durchaus analog. Im ideellen Falle führt die Rückbildung der beschädigten Elemente zum vollständigen Verschwinden von Strukturen. In der Praxis ist jedoch das reine Plasma, die vollkommen isotrope lebendige Substanz als eine Abstraktion aufzufassen, weil dieser Zustand niemals vollständig erreicht wird. Ein Teil der bereits gebildeten Strukturen bleibt auch bei der Rückbildung erhalten und die Wiedererreichung derselben Struktur bietet der Differenzierungstätigkeit des Plasmas einen geringeren Widerstand, als die Wiederherstellung einer anderen. Ähnlich wie bei der Ontogenese begegnen wir hier verschiedenen Verhältnissen und die Regeneration weist einen größeren oder kleineren Grad der Determinierung auf. Für uns ist nur der Schluß wichtig, daß es sich hier nur um quantitative Unterschiede handelt und daß wir keiner Präformierung bedürfen, um die Regenerationserscheinungen zu begreifen. Analoge Verhältnisse haben wir auch im Abschnitte über die Chromosomen kennen gelernt.

Es liegt mir die Absicht fern, eine neue Theorie der Regeneration vorzuschlagen. Vielmehr bestand meine Aufgabe darin, auf Grund des Kontinuitätsprinzipes zu zeigen, auf welchen Voraussetzungen jede zukünftige Erklärung der Regenerationserscheinungen meiner Ansicht nach fußen muß. Im Nachstehenden möchte ich versuchen, den Gang der Regeneration, wie ich mir denselben vorstelle, kurz zu beschreiben.

Wir schneiden einem *Triton* das Bein ab. Als erste Reaktion auf den Beschädigungsreiz tritt die Entzündung der benachbarten Gewebe ein und die im Bereiche der Schnittwunde sich befindenden Elemente beginnen sich in morphologischer Hinsicht zurückzubilden. Es ist übrigens eine allgemein gültige Regel, daß jede Verletzung das Zugrundegehen von Strukturen und eine entsprechende Vereinfachung der Form zur Folge hat. Dieser Vereinfachungsprozeß wird solange als der Beschädigungsreiz andauern, oder genauer gesagt, er wird noch früher aufhören, weil die Vereinfachung der Form und Struktur die natürliche Differenzierungstendenz des Plasmas, welche der Vereinfachung durch Erzeugung von neuen Strukturen entgegenwirkt, immer mehr hervortreten läßt. Schließlich tritt ein Zustand des Gleichgewichtes zwischen diesen beiden antagonistischen Tendenzen ein. Morphologisch entspricht derselbe, wie wir das aus der direkten Beobachtung wissen, einem Haufen rundlicher wenig differenzierter Zellen, welche, nach unserer Auffassung, eine erhöhte Differenzierungsfähigkeit besitzen. Da wir keine Zweckmäßigkeit der Regeneration anerkennen, haben wir keinen Grund anzunehmen, daß die erwähnten Elemente gerade den für die Erzeugung des Beines notwendigen Differenzierungsgrad erreichen. Vielmehr besitzt unser Zellenhaufen die Fähigkeit, bedeutend mehr als das abgeschnittene Bein wiederherzustellen, was übrigens aus den Erscheinungen der Doppel- und Dreifachbildung ohne weiteres folgt. Die Elemente der Schnittwunde bedürfen eines Reizes, um die Differenzierung anzutreten und dieselbe beginnt automatisch in dem Momente, als ihr nichts im Wege steht. Aber Differenzierung ist noch keine Regeneration, sondern eine Voraussetzung derselben; sie ist eine allgemeine Eigenschaft des Plasmas, welche, entsprechend hingelenkt, zur Regeneration führt. Ein solcher regulierender Faktor wird uns durch die gestörten Symmetrieverhältnisse des Organismus gegeben. Die ganze Physiologie des Organismus ist für die normale Form berechnet. Alle Vorgänge der Ernährung, Atmung, Sekretion, Nerventätigkeit usw., welche sich im abgeschnittenen Bein abspielten und vom ganzen Organismus reguliert wurden, finden jetzt keinen normalen Ausweg und das schafft für die Umgebung der Schnittwunde eine ganze Reihe von Reizen, welche die Differenzierung des Plasmas lenken. Bei den Organismen, welche eine geringe Zentralisation der physiologischen Vorgänge aufweisen, welche somit in jedem Teile ihres Körpers ungefähr aus denselben Elementen bestehen, dürften wir demnach keine große Regenerationsfähigkeit erwarten. Ein schlagendes Beispiel dafür liefern uns die Spongien, bei welchen man doch eine ihrer geringen Differenzierung entsprechende Regenerationsfähigkeit voraussetzen sollte[1]).

Der Regenerationsvorgang wird solange andauern, bis die von dem ganzen Organismus ausgehenden Reize mit dem erreichten Differenzierungsgrade des Regenerates wiederum im normalen Verhältnis stehen; dieser Zustand wird mit der vollständigen Wiederherstellung des Beines erreicht. Warum auf diesem Stadium die Regeneration sistiert wird, wissen wir nicht. Allein sie wird sistiert, weil sonst auch das normale Bein, welches in diesem Momente unter denselben Einwirkungen steht,

---

[1]) Das wurde schon klar von Maas (59) ausgesprochen.

sich weiter entwickeln müßte. Theoretisch ist jedenfalls sowohl für die Entwicklung wie für die Regeneration keine Grenze gegeben und es ist uns kein einziges Beispiel bekannt, wo das wiederholte Abschneiden eines Körperteiles bei einem gesunden und sich gut ernährenden Organismus nicht beliebig oft durch eine vollständige Regeneration beantwortet werden könnte.

Die Tendenz, ursprüngliche Form wieder herzustellen, ist ohne Zweifel bei jedem Organismus in gleichem Maße vorhanden, die Regeneration findet jedoch nicht immer die nötigen Mittel. Wenn die Differenzierung des Plasmas bereits so weit vorgeschritten ist, daß das gesamte Plasma in seine Differenzierungsprodukte übergegangen ist und der Vorgang nicht umgekehrt werden kann, wird auch die Regeneration unmöglich. Hierher gehört die geringe Regenerationsfähigkeit der Pflanzen und Nematoden. In diesem Sinne ist auch die Tatsache zu deuten, daß mit fortschreitender Differenzierung des Körpers die Regenerationsfähigkeit allmählich erlischt. Jeder Organismus macht aber „Versuche", das Verlorene zu regenerieren, was sich u. a. in Rückbildung mancher Gewebe, Bildung von Narben u. dgl. m. äußert.

Während die Mehrzahl der Forscher zur Erklärung der Regenerationserscheinungen die alte Präformationsidee heranzieht, wurde von Morgan und H. Przibram eine rein epigenetische Ansicht ausgesprochen. Nach der Meinung der genannten Forscher ist die Regeneration nichts anderes als eine Fortsetzung des normalen Wachstums, die überall dort vorhanden ist, wo das Wachstum noch nicht erloschen ist. Als Beispiele werden die hohe Regenerationsfähigkeit der Larvalformen und der Mangel an einer solchen bei den Imagines der Insekten angeführt. Die Ansicht ist epigenetisch, weil sie die Formbildung auf das Wachstum, also auf eine Fähigkeit der lebendigen Substanz, welche aus physikalisch-chemischen Erscheinungen allein verständlich ist, zurückzuführen trachtet. Dennoch halte ich den zitierten Satz nicht für ganz korrekt. Bei Morphallaxis findet Regeneration ohne Wachstum statt und das Wachstum eines Pflanzenstengels durch Wasseraufnahme ist von der Regeneration zu unterscheiden. Vielleicht wäre es besser, die beiden Erscheinungen als verschiedene Eigenschaften derselben lebendigen Substanz aufzufassen, welche zwar dem Kontinuitätsprinzipe gemäß ineinander übergreifen, doch in ihren extremen Formen auseinander gehalten werden können. Die Regeneration ist demnach nicht die Fortsetzung des normalen Wachstums, sondern beide sind die Folgen eines ähnlichen Ursachenkomplexes. Von diesem Umstand abgesehen, können wir in den Erscheinungen des Wachstums ein Zeichen für das Vorhandensein des regenerationsfähigen Plasmas erblicken und es ist klar, daß die beiden in derselben Richtung vor sich gehen werden.

Es erübrigt sich, noch den Zusammenhang zwischen Regeneration und Selektion zu besprechen. Ohne jeden Zweifel bildet die Regenerationsfähigkeit eine primäre Eigenschaft der lebendigen Substanz und sobald diese letztere überhaupt entstanden ist, war sie schon regenerationsfähig. Wie mir scheint, wird jedoch kaum das Richtige getroffen, wenn man in diesem Umstande eine Widerlegung des bekannten Weismannschen Satzes sieht und jeden Zusammenhang zwischen Regeneration und Selektion leugnet. Wenn man gegen die Auffassung, nach welcher „anfangs" die lebendige Substanz keine Regenerationsfähigkeit besaß und diese letztere durch zufällige Variationen entstanden war, einen Protest erhebt, so können wir damit nur einverstanden sein, weil eine derartige Ansicht mit dem Kontinuitätsprinzipe im krassen Widerspruch stehen würde. Man tut aber Weismann unrecht, wenn man ihm diese Ansicht zuschreibt. Denn Weismann spricht von der Regenerationsfähigkeit der Organismen, nicht der lebendigen Substanz. Mag diese Fähigkeit eine ursprüngliche sein. Daraus folgt aber nicht, daß sie im Wege der Selektion nicht durch besondere Vorrichtungen und Anpassungen in bezug auf die tatsächlichen Lebensbedingungen des Organismus vervollkommnet werden könnte. Man führt gegen Weismann aus, daß die Regeneration der Arthropoden nicht notwendigerweise an die präformierten Autotomiestellen gebunden ist, aber man vergißt dabei, daß das Vorhandensein solcher Stellen keineswegs als eine primäre Eigenschaft angesprochen werden darf. Es wurde von Eug. Schultz nachgewiesen, daß die abgeschnittenen Beine der Spinnen in allen Fällen regenerieren, unabhängig von der Lage der Schnittwunde. Manchmal beißt die operierte Spinne das beschädigte Bein bis zur Autotomiestelle ab, das braucht aber keine allgemeine Regel zu sein. Die Arbeit von Eug. Schultz wurde in jener Zeit verfaßt, wo der genannte Autor noch

keine so tiefe Abneigung gegen den Darwinismus hegte, welche in seinen
späteren Schriften zutage tritt. Er weigerte sich auch nicht zuzugeben,
daß die Regeneration aus den präformierten Autotomiestellen besser und
schneller vor sich geht als aus beliebiger anderer Schnittwunde. Und
das ist ja alles, was wir brauchen. Gewiß haben die späteren Untersuchungen, namentlich von H. Przibram und seiner Schule bewiesen, daß
Weismann zu viel an die „Allmacht der Naturzüchtung" geglaubt und
das Vorhandensein primärer Fähigkeiten und Eigenschaften der lebendigen Substanz nicht genügend gewürdigt hatte, es wäre jedoch ein
anderes Extrem, den Grundgedanken Weismanns gänzlich in Abrede
zu stellen. Die Wahrheit liegt, meiner Meinung nach, in der Mitte und
das Vorhandensein der präformierten Autotomiestellen wird durch keine
Theorie auch annähernd so gut erklärt, wie durch die natürliche Zuchtwahl. Selektion hat nicht die Regenerationsfähigkeit geschaffen, sie
macht aber davon einen guten Gebrauch.

X.

Vitalismus.

Zum Schluß wollen wir nochmals mit einigen Worten zum Vitalismus
zurückkehren. Der Begriff des Zweckes, welcher in allen vitalistischen
Systemen eine so hervorragende Rolle spielt, kann eigentlich als eine
Konvention aufgefaßt werden. In der Natur sind uns keine Ursachen
und keine Zwecke gegeben, sondern eine Reihenfolge von Erscheinungen.
Die Idee des Zusammenhanges zwischen denselben ist unserer Erfahrung
entnommen, indem wir konstante, sich immer wiederholende Erscheinungsketten beobachten. Dadurch erhalten wir die Möglichkeit, auf das
Auftreten gewisser Phänomene in der Zukunft zu schließen. Von diesem
Standpunkte, und das ist der einzige wissenschaftliche Standpunkt, ist
die Gesetzmäßigkeit eine Konstanz der Erscheinungen, die Ursache —
eine vorangehende Erscheinung, welche mit der Gegenwart unzertrennbar zusammenhängt, und der Zweck — eine nachfolgende Erscheinung,
welche abermals die Gegenwart bestimmt. Wenn wir vom transzendenten
Begriffe des Zusammenhanges absehen, so ist für den Naturforscher der

Zweck lediglich eine zukünftige Erscheinung, deren Auftreten wir nach Analogie erwarten. Der Zweck der Ontogenese erhellt daraus, zu welcher Form dieselbe schließlich führt; die Zweckmäßigkeit einer Struktur erkennen wir erst, wenn wir wissen, welche Rolle diese Struktur im Leben eines Organismus tatsächlich spielt; die Frage nach dem Zwecke des Lebens ist die Frage, was sich nach dem Leben ereignet. Ihrem Wesen nach sind alle unsere Schlüsse Analogieschlüsse, sie beruhen auf der Gewohnheit an die bestehende Lebensordnung. Aus diesem Grunde sind wir nicht berechtigt den Zweckmäßigkeitsbegriff auf jene Erscheinungsketten anzuwenden, deren Endglieder von uns niemals beobachtet wurden und keine Analogie mit den uns bekannten Erscheinungen besitzen. Wir können eine uns unbekannte Erscheinung nicht voraussagen, weil wir ja nicht wissen, was eigentlich vorausgesagt werden soll. Hat man denn Gravitation, Radium oder Ascidienlarven vorausgesagt? Wohl wurde Neptun durch Leverrier erschlossen, aber Planeten und deren Lauf waren uns früher bekannt. Wohl hat Mendelejew Ekasilicium und Ekaaluminium vorausgesagt, aber das war ein Analogieschluß. Wir sind einmal an unsere Erfahrung gebunden, wir können einfach nicht heraus. Wie der Organismus keine neuen Elemente schafft, sondern die bereits vorhandenen Stoffe umarbeitet, sind wir nicht imstande etwas neues, was mit unserer Erfahrung nicht in Verbindung stände, zu schaffen. Die Volksphantasie hat verschiedene Monster und Untiere ins Leben gerufen, aber merkwürdigerweise hat sie sich dabei streng an die Tatsachen gehalten. Sphinx besitzt Menschengesicht, den Rumpf eines Stieres, die Tatzen des Löwen und die Flügel des Adlers und erst durch eine ungewöhnliche Zusammensetzung wird er zum Monster.

Nun will aber der Vitalismus die Kräfte der Natur, welche nicht zur Erklärung der Lebensphänomene ausreichen, durch etwas prinzipiell neues ersetzen. Wenn ein Darwinist von Zweckmäßigkeit einer Anpassung spricht, so will er untersuchen, welche Rolle diese Anpassung im Leben des Organismus spielt. Und wenn der Vitalist die Zweckmäßigkeit der organischen Form postuliert, kann er ja nichts anderes darunter meinen, als die Frage nach dem Schicksal dieser Form. Inwiefern ist dieser Standpunkt neu? Im Verneinen hat der Vitalismus vorzügliches geleistet. Er hat bewiesen, daß die organische Form durch physikalisch-chemische Kräfte allein nicht verständlich gemacht werden kann. Die Ursachen der Form müssen demnach in einem transmechanischen Gebiete liegen. Driesch hat mehr als 100 Seiten benötigt, um zu zeigen, was die Entelechie nicht ist. Sie ist keine Kraft, keine Ursache, keine zu beobachtende Erscheinung, sie liegt außerhalb des Raumes. Jetzt müssen wir aber entscheiden, welche positive Eigenschaften der Entelechie zugeschrieben werden können. Und da erweist sich, daß die Entelechie zwar außer dem Raume liegt, jedoch in den Raum wirkt; sie ist keine Kraft, sie vermag aber eine mechanische Arbeit zu leisten; sie ist keine Ursache, aber sie verursacht das organische Geschehen. Entelechie ist nicht etwas Neues, sie weist vielmehr, wie die Sphinx, eine neue Zusammensetzung alter Eigenschaften auf. Nur mechanische Ursachen, nur Erscheinungen, welche wirklich beobachtet werden können, besitzen einen Erklärungswert. Die Form läßt sich jedoch aus der Mechanik nicht begreifen. Entelechie ist nichts anderes als eine neue Verbindung dieser beiden alten Standpunkte: sie ist eine mechanische Ursache transmechanischer Natur.

Driesch ist von den Ergebnissen der experimentellen Embryologie und namentlich von seinem Begriffe des harmonisch-äquipotentiellen Systems ausgegangen. Die Verhältnisse, welche wir am Echinidenei beobachten, lassen sich durch keine starre Struktur des Eies, durch keine Maschine begreifen, weil wir uns keine solche Maschine vorzustellen vermögen, welche in allen ihren Teilen dasselbe darstellte. Es ist jedoch unverständlich, wieso ein homogenes, isotropes Gebilde einem kompliziert gebauten Organismus Ursprung geben kann. Die Form läßt sich nicht auf Physik und Chemie zurückführen. Vielmehr müssen wir ihre Kontinuierlichkeit annehmen, also folgern, daß jede Form des Organismus einen Vorläufer im Ei besitzt, indem jeder Teil des Eies bestimmte prospektive Bedeutung und prospektive Potenz hat. Mit anderen Worten stellt sich eben Driesch und nicht die Mechanisten das Ei als eine Maschine vor, wobei er allerdings diese Maschine in ein transmechanisches Gebiet überträgt. Aber Driesch hat doch selbst nachgewiesen, daß das Echinidenei ein harmonisch-äquipotentielles System darstellt! Und noch mehr. Driesch hat auch ferner nachgewiesen, daß das Echinidenei kein harmonisch-äquipotentielles System ist, weil die Blastomeren-

isolierungsversuche eine verschiedene Leistungsfähigkeit einzelner Eibezirke beweisen. Also, ist denn das Echinidenei eine starre Maschine,
oder ein harmonisch-äquipotentielles System? Das Kontinuitätsprinzip
verschafft uns die Möglichkeit, diese sich widersprechenden Behauptungen in Einklang zu bringen. Das Ei ist weder das eine noch das
andere. Nur das theoretische, abstrakt gedachte Plasma, die vollkommen
isotrope lebendige Substanz ist als ein harmonisch-äquipotentielles
System aufzufassen. Das Ei ist ein Entwicklungsstadium, es ist ein Gebilde, in welchem verschiedene Differenzierungsprodukte des Plasmas
ungleichmäßig verteilt sind und eine verschiedene Entwicklungsrichtung
einzelner Bezirke bedingen. Das Ei ist auch keine Maschine, weil die prospektive Potenz einzelner Eibezirke deren prospektive Bedeutung vielfach übertrifft. Das Ei ist eine Substanz, welche mit allen ihren Bedingungen zusammen ein Ganzes darstellt und ein für die gegebene Ursachen-
konstellation bestimmtes Entwicklungsresultat liefert.

Von der Betrachtung der Untersuchungsmethoden wenden wir uns
zum Gegenstande der vitalistischen Untersuchung. Wenn man die Ursachen der Formbildung in ein transkausales Gebiet überträgt, so hat
man damit noch nicht das Unverständliche voll ausgenutzt. Denn die
Form selbst, für welche wir vergeblich eine Erklärung suchen, ist keine
Erscheinung, sondern eine Voraussetzung, eine aprioristische Kategorie.
Dadurch hebt sich aber der Vitalismus von der Wissenschaft vollständig
ab. Der Vitalismus stellt sich zur Aufgabe, uns die Erscheinungen
zu erklären, er greift jedoch zu Begriffen, welche den Erscheinungen gar
nicht immanent sind. Mag der Vitalismus als ein philosophisches Prinzip
berechtigt sein, in der Wissenschaft kann er nur störend wirken. Der
Vitalismus in der Biologie ist ein negatives Prinzip, welches keine eigenen
Fortschritte seit Jahrtausenden zu verzeichnen hat und deren Erfolge
lediglich auf Mißerfolgen der positiven Wissenschaft beruhen. Nicht des-
halb ist der vitalistische Standpunkt zu verwerfen, daß er an sich unberechtigt wäre: Teleologie ist genau ebenso berechtigt oder unberechtigt wie
Kausalität. Nicht deswegen wird er von der positiven Wissenschaft
abgelehnt, daß sich etwa die Ontogenese auch ohnedies begreifen ließe,
denn das ist in keiner Weise der Fall. Aber gegen den Vitalismus kann
der schwerste Einwand erhoben werden, der je gegen irgendeine Theorie

erhoben wurde: in der Wissenschaft ist der Vitalismus überflüssig, weil er uns die Erscheinungen gar nicht verständlicher macht [Roux, 79i]. Wenn die Larve dazu da ist, um eine Imago zu erzeugen, so hat uns doch der ganze vitalistische Scharfsinn nicht verholfen, aus den zahlreichen neuentdeckten Planktonlarven die betreffenden Imagines vorauszusagen.

Wenn aber der Vitalismus die Biologie zur „selbständigen Grundwissenschaft" proklamiert, so widerspricht er dem Kontinuitätsprinzipe, weil er die Erscheinung mit der Untersuchungsmethode verwechselt. Denn unser Geist weiß das Wunderliche in jedes Gebiet des Wissens hinein zu bringen. In jeder Wissenschaft sind die derselben eigenen Methoden unzureichend, die betreffenden Phänomene restlos zu erklären, und immer bleibt nach vollständiger Auflösung der Erscheinung in ihre Komponenten ein unerklärter Rest, eine „Unbekannte höherer Ordnung" übrig. Soziologie führt ihre Erscheinungen auf Psychologie und Physiologie zurück. Physiologie bedient sich der Physik und Chemie, ohne in die Kontroversen dieser Wissenschaft einzugehen, Physik bringt ihre Tatsachen mit den Eigenschaften der Atome in Verbindung, ohne sich mit dem Wesen des Atoms zu beschäftigen usw. Jede Erklärung ist begrenzt und unzureichend, weil jede einzelne Wissenschaft ein willkürlich abgegrenztes Stück eines kontinuierlichen Ganzen behandelt. Der Staat ist etwas mehr als eine bloße Summe von Individuen, der Organismus — mehr als die Summe seiner Teile und ein Körper — mehr als die Summe der Atome. Überall stoßen wir auf denselben transzendenten Begriff des „Ganzen", welches sich aus bloßer Summe der Elemente nicht begreifen läßt. Wollten wir aber hier zu vitalistischen Prinzipien greifen, würden wir die tatsächlichen Verhältnisse umkehren. Der uns unverständliche Sprung von der gebrochenen Linie zur Kurve ist ein Scheinproblem, weil wir nicht die ganze Erscheinung aus ihren Teilen abzuleiten haben, sondern umgekehrt, dieses Ganze ist eben das positive, uns in der Erfahrung gegebene Naturobjekt. Das Integral, nicht die Kurve ist ein transzendenter Begriff. Und deutet denn ferner die Regel van't Hoffs und Le Chateliers, nach welcher sich ein jedes energetisches System den Einwirkungen der Außenwelt widersetzt, nicht auf eine wunderbare Zweckmäßigkeit der anorganischen Welt hin?

Als ein schlagender Beweis zugunsten des Vitalismus gilt die Unmöglichkeit, den Zusammenhang zwischen der Bewegung der Materie und dem psychischen Vorgang zu verstehen. Könnten wir die Tätigkeit des menschlichen Gehirns im vergrößerten Maßstabe beobachten, sagt Leibnitz, würden wir nur ein kompliziertes System sich bewegender Teile und keine Spur einer Denktätigkeit sehen. Daraus folgt aber, daß im menschlichen Gehirn nichts anderes als diese Bewegung vorhanden ist. Eine gespielte Symphonie ist nichts anderes als eine Reihe von Luftschwingungen und die ästhetische Seite derselben gehört nicht ins Bereich der Akustik. Die Vitalisten wollen in unser Gehirn ein höheres Prinzip hineinbringen, welches die Bewegungen zum Denkprozeß verarbeitet. Das heißt aber die Schwierigkeit nur verschieben, weil wir ja eine Unbekannte durch eine andere erklären wollen. Das Kontinuitätsprinzip zeigt uns einen anderen Weg. Für ihn bilden sich alle unsere Begriffe und Vorstellungen, ob metaphysische oder materialistische, aus Erfahrung. Der menschliche Intellekt ist kein Ding an sich, sondern derselbe stellt samt seiner ganzen physikalischen, psychischen und metaphysischen Umgebung ein einheitliches Naturobjekt dar, welches allen Gesetzen der uns bekannten Erscheinungen unterworfen ist. Das Wunderliche und das Unverständliche, welches wir überall erblicken, ist der Natur nicht immanent; vielmehr bringen wir dasselbe immer mit. Unsere Aufgabe besteht also in Untersuchung des Zusammenhanges zwischen der Erscheinung und unserem Zweckmäßigkeitsbegriff, nicht aber in der Zweckmäßigkeit der Erscheinungen selbst. Dies ist der einzige Weg, den Zweckmäßigkeitsbegriff, welcher in jedem Geiste vorhanden ist, zu erklären.

Es wurde schon von Hume klar erkannt, daß die Schwierigkeit, den psychischen Vorgang aus der Bewegung der Atome abzuleiten, für jeden Zusammenhang zwischen Ursache und Wirkung gilt. Wollte man aber dieses Argument zur Verteidigung des Materialismus heranziehen, so würde das einer Selbstverurteilung gleichkommen. Nach Langes trefflicher Bemerkung bekennt der Materialismus seine Impotenz, sobald er den Zusammenhang zwischen Erscheinungen nicht begreifen kann. Als Erklärungsprinzip ist der Materialismus unzureichend und er mußte auch anderen Gesichtspunkten weichen. Er ist aber als ein einzig mögliches heuristisches Prinzip geblieben. Der biologische Mechanismus ist aber nichts anderes als derselbe Materialismus, dasselbe Arbeitsprinzip, welchem wir alle positiven Errungenschaften unserer Wissenschaft ausschließlich zu verdanken haben und welches ja gar keine Ansprüche auf eine vollständige Erklärung erhebt. Wenn aber der Vitalismus unsere alten erprobten Naturfaktoren durch seine eigenen „Kräfte" zu ersetzen trachtet, so überschreitet er die Grenzen seiner Kompetenz. Der Vitalismus gehört der Philosophie, und wenn Philosophie keine Vorwürfe gegen Physik wegen naiver Auffassung der Materie erhebt, so soll auch der Vitalismus der kausalen Forschung freie Hand lassen.

„Wenn ihr euch im Suchen trennt, erst wird die Wahrheit erkannt." [Dementsprechend sagte Roux: Durch die mechanistischen und vitalistischen (oder wie er sich ausdrückt, psycho-morphologischen) Bestrebungen wird das große Unbekannte der Lebewesen von zwei entgegengesetzten Seiten aus in Angriff genommen und die Erkenntnis desselben durch Gegner gemeinsam gefördert. Dies in der speziellen Hoffnung, daß später die mechanistische Analyse an die einfachsten, allgemeinsten Ergebnisse der Analyse der Psychomorphologen wird anknüpfen können, um diese Ergebnisse dann auf mechanistische Weise abzuleiten und sie so der exakten Naturforschung einzuverleiben[1])].

---

[1]) Archiv f. Entwicklungsmechanik, Band 24 S. 690. 1907. Band 25 S. 721. 79i S. 52.

Literaturverzeichnis.

1. **Albrecht**, Experimentelle Untersuchungen über Kernmembranen. Festschrift für Böllinger. 1902.
2. **Baltzer, F.**, Über die Größe und Form der Chromosomen bei Seeigeleiern. Verh. d. deutsch. zool. Ges. 1908.
3. — Die Chromosomen von *Strongylocentrotus lividus* und *Echinus microtuberculatus*. Arch. f. Zellforsch. Bd. 2. 1909.
4. **Bateson, W.**, Materials for the Study of Variation. London 1894.
5. **Boring, A. M.**, A small chromosome in *Ascaris megalocephala*. Arch. f. Zellforsch. Bd. 4. 1909.
6. **Boveri, Th.**, Zellenstudien. Heft 6. Jena 1907.
7. — Die Blastomerenkerne von *Ascaris megalocephala*. Arch. f. Zellforsch. Bd. 3. . 1909.
8. **Braem, F.**, Die Knospung der Margeliden, ein Bindeglied zwischen geschlechtlicher und ungeschlechtlicher Fortpflanzung. Biolog. Zentralbl. Bd. 28. 1908.
9. **Braus, H.**, Vordere Extremität und Operculum bei *Bombinator*-Larven. Morph. Jahrb. Bd. 35. 1906.
10. **Brecher, L.**, Die Puppenfärbungen des Kohlweißlings, *Pieris brassicae* L. Arch. f. Entw.-Mech. Bd. 43. 1917.
11. **Browne, E. N.**, Effects of pressure on *Cumingia* eggs. Arch. f. Entw.-Mech. Bd. 29. 1910.
12. **Burian, R.**, Chemie der Spermatozoen. Erg. d. Physiol. 5. Jahrg. 1906.
13. **Child, C. M.**, Studies on the dynamics of morphogenesis and inheritance in experimental reproduction. I. The axial gradient in *Planaria dorotocephala* as a limiting factor in regulation. Journ. of Exp. Zool. Vol. 10. 1911.
14. **Conklin, E. G.**, Mosaic development in Ascidian eggs. Journ. Exp. Zool. Vol. II. 1905.
15. — Cell size and nuclear size. Journ. Exp. Zool. Vol. 12. 1912.
16. **Correns**, Über Vererbungsgesetze. Berlin 1905.
17. **Crampton, H. E.**, Experimental studies on Gasteropod development. Arch. f. Entw.-Mech. Bd. 3. 1896.
18. **Cuénot, L.**, La loi de Mendel et l'hérédité de la pigmentation chez les souris. 1ère—5ème notes. Arch. d. Zool. expér. et gén. Notes et Revue. 1902—1907.
19. **Dederer, P. H.**, Pressure experiments on the egg of *Cerebratulus lacteus*. Arch. f. Entw.-Mech. Bd. 29. 1910.

20. **Delage, Y.**, La structure du protoplasme et les théories sur l'hérédité et les grands problèmes de la biologie générale. Paris 1895. (2. édition 1903.)

21. **Della Valle, P.**, L'organizzazione della cromatina. Arch. Zool. Ital. Vol. 4. 1909.

22. — La morfologia della cromatina del punto di visto fisico. Arch. Zool. Ital. Vol. 6. 1912.

23. **Dohrn, A.**, Der Ursprung der Wirbeltiere und das Prinzip des Funktionswechsels. Leipzig 1875.

24. **Driesch, H.**, Analytische Theorie der organischen Entwicklung. Leipzig 1894.

25. — Die Lokalisation morphogenetischer Vorgänge. Arch. f. Entw.-Mech. Bd. 8. 1899.

26. — Die „Seele" als elementarer Naturfaktor. Leipzig 1903.

27. — Der Vitalismus als Geschichte und als Lehre. Leipzig 1905.

28. — Die Physiologie der tierischen Form. Erg. d. Physiologie. 5. Jahrg. 1906.

29. — Philosophie des Organischen. Gifford-Vorlesungen. 1909.

30. **Durham, F. M.**, On the presence of Tyrosinases in the skins of some pigmented Vertebrates. Proc. of the Roy. Soc. Vol. 74. 1904.

31. — Note on Melanins. Journ. of Physiol. Vol. 35. 1907.

32. **Fabre, J. H.**, Die Pille des *Scarabaeus*. Bilder aus der Insektenwelt. Stuttgart, Kosmos. Ohne Jahreszahl.

33. **Fick, R.**, Vererbungsfragen, Reduktions- und Chromosomenhypothesen, Bastardregeln. Erg. d. Anat. u. Entw.-Gesch. Bd. 16. 1907.

34. **Fischel, A.**, Experimentelle Untersuchungen am Ctenophorenei. Arch. f. Entw.-Mech. Bd. 6—7. 1897—98.

35. **Fischer, E.**, Zur Physiologie der Aberrationen- und Varietätenbildung der Schmetterlinge. Arch. f. Rass.- u. Ges.-Biol. 4. Jahrg. 1907.

36. **Fürth, O. und Schneider, H.**, Über tierische Tyrosinasen und ihre Beziehungen zur Pigmentbildung. Beitr. zur chem. Physiol. u. Pathol. Bd. 1. 1902.

37. **Fürth, O.**, Physiologische und chemische Untersuchungen über melanotische Pigmente. Sammelreferat. Zentralbl. f. allg. Pathol. u. path. Anat. Bd. 15. 1904.

38. **Fürth, O., und Jerusalem, E.**, Zur Kenntnis der melanotischen Pigmente und der fermentativen Melaninbildung. Beitr. zur chem. Physiol. u. Pathol. Bd. 10. 1907.

39. **Gaidukow**, Über Untersuchungen mit Hilfe des Ultramikroskops. Ber. d. bot. Ges. Bd. 24. 1906.

40. **Godlewski, E. jun.**, Untersuchungen über die Bastardierung der Echiniden- und Crinoidenfamilie. Arch. f. Entw.-Mech. Bd. 20. 1906.

41. — Das Vererbungsproblem im Lichte der Entwicklungsmechanik betrachtet. Vortr. u. Aufs. üb. E.-M. d. Organismen. Heft 9. 1909.

42. Godlewski, E., jun., Physiologie der Zeugung. Wintersteins Handbuch der vergl. Physiol. Bd. 3. 1914.

43. Gurwitsch, A., Morphologie und Biologie der Zelle. Jena 1904.

44. Häcker, V., Über das Schicksal der elterlichen Kernanteile. Jen. Zeitschr. Bd. 37. 1902.

45. — Die Chromosomen als angenommene Vererbungsträger. Spengels Erg. u. Fortschr. d. Zool. Bd. 1. 1907.

46. — Allgemeine Vererbungslehre. Braunschweig 1912.

47. Heidenhain, M., Einiges über die Chromosomen. Verh. Anat. Ges. Bd. 21. 1907.

48. Herbst, C., Formative Reize in der tierischen Ontogenese. Leipzig 1901.

48a. — Entwicklungsmechanik oder Entwicklungsphysiologie der Tiere. Handwörterbuch der Naturwissenschaften. III. Band. 1912.

49. Hertwig, O., Experimentelle Studien am tierischen Ei vor, während und nach der Befruchtung. Jen. Zeitschr. Bd. 24. 1890.

50. — Über den Wert der ersten Furchungszellen für die Organbildung des Embryo. Arch. f. mikr. Anat. Bd. 42. 1893.

51. — Zeit- und Streitfragen der Biologie. Heft 1. Präformation oder Epigenesis? Jena 1894.
Heft 2. Mechanik und Biologie. Jena 1897.

52. Hertwig, P., Durch Radiumbestrahlung hervorgerufene Veränderungen. Arch. f. mikr. Anat. Bd. 77. 1911.

53. Jennings, H. S., Heredity, Variation and Evolution in Protozoa. Part 1. Journ. Exp. Zool. Vol. 5. 1908.
Part 2. Proceed. Amer. Philos. Soc. Vol. 47. 1908.

54. Kopsch, T., Über das Verhältnis der embryonalen Achsen zu den drei ersten Furchungsebenen beim Frosch. Internat. Monatsschr. f. Anat. u. Physiol. Bd. 17. 1900.

55. Korschelt, E., Regeneration und Transplantation. 1907.

56. Lang, A., Über die Bastarde von *Helix hortensis* Müller und *H. nemoralis* L. Jena 1908.

57. Lillie, F. R., Differentiation without Cleavage in the Egg of the Annelid *Chaetopterus pergamentaceus*. Arch. f. Entw.-Mech. Bd. 14. 1902.

58. Loeb, J., Artificial Parthenogenesis and Fertilisation. Chicago 1913.

59. Maas, O., Über Nichtgeneration bei Spongien. Arch. f. Entw.-Mech. Bd. 30. 1910.

60. Marchand, F., Der Prozeß der Wundheilung mit Einschluß der Transplantation. Stuttgart 1901.

61. Masing, E., Über das Verhalten der Nukleinsäure bei der Furchung des Seeigeleies. Zeitschr. f. physiol. Chemie. Bd. 67. 1910.

62. Moenkhaus, W. J., The Development of the Hybrids between *Fundulus heteroclitus* and *Menidia notata* with especial Reference to the behavior of the maternal and paternal Chromatin. Journ. of of Anat. Vol. 3. 1904.

63. Morgan, T. H., Half-embryos and whole-embryos from one of the first two blastomeres of the Frog's egg. Anat. Anz. Bd. 10. 1895.

64. — Regeneration. London.

65. — The Effects of Altering the Position of the Cleavage Planes in Eggs with precocious Specification. Arch. f. Entw.-Mech. Bd. 29.

66. Morgan, T. H. and Spooner, G. B., The Polarity oft he centrifugated Egg. Arch. f. Entw.-Mech. Bd. 28. 1909.

67. Moszkowski, M., Über den Einfluß der Schwerkraft auf die Entstehung und Erhaltung der bilateralen Symmetrie des Froscheies. Arch. f. mikr. Anat. Bd. 60. 1902.

68. Nathanson, A., Physiologische Untersuchungen über amitotische Kernteilung. Jahrb. f. wiss. Bot. Bd. 35. 1900.

69. Němec, B., Zur Mikrochemie der Chromosomen. Ber. d. deutsch. bot. Ges. Bd. 27. 1909.

70. Nusbaum, J., und Oxner, M., Studien über die Regeneration der Nemertinen. I. Regeneration bei *Lineus ruber* Müll. Arch. f. Entw.-Mech. Bd. 30. 1910.

71. Peter, K., Über die biologische Bedeutung embryonaler und rudimentärer Organe. Arch. f. Entw.-Mech. Bd. 30. 1910.

72. Plate, L., Selektionsprinzip und Probleme der Artbildung. Leipzig 1913.

73. — Vererbungslehre. Leipzig 1913.

74. Poulton, E. B., The Colours of Animals. London 1890.

75. Przibram, H., Experimental-Zoologie. II. Regeneration. Wien 1909.

76. Rabl, C., Über Zellteilung. Morph. Jahrb. Bd. 19. 1885.

77. Rosenberg, O., Das Verhalten der Chromosomen in einer hybriden Pflanze. Ber. d. deutsch. bot. Ges. Bd. 21. 1903.

78. — Über den Bau des Ruhekerns. Svensk. bot. Tidskr. Bd. 3. 1909.

79a. Roux, W., Der Kampf der Teile im Organismus. Leipzig 1881.

b. — Gesammelte Abhandlungen. Bd. I u. II. Leipzig 1895. M. 55.—.

c. — Programm und Forschungsmethoden der Entwicklungsmechanik. Leipzig (Arch. f. Entw.-Mech. V). 1897.

d. — Die Entwicklungsmechanik, ein neuer Zweig der biologischen Wissenschaft. Vorträge u. Aufsätze über Entwicklungsmechanik Nr. 1. Leipzig 1905. M. 5.—.

e. — Die vier kausalen Hauptperioden der Ontogenese sowie das doppelte ursächliche Bestimmtsein der organischen Gestaltungen. Mitteil. d. naturf. Ges. zu Halle a. S. Bd. I.

f. — Terminologie der Entwicklungsmechanik der Tiere und Pflanzen. Leipzig 1912. Mk. 10.—.

g. — Über kausale und konditionale Weltanschauung und deren Stellung zur Entwicklungsmechanik. Leipzig 1913.

h. — Über die bei der Vererbung von Variationen anzunehmenden Vorgänge nebst einer Einschaltung über die Hauptarten des Entwicklungsgeschehens. Leipzig, II. Aufl. 1913.

79i. Roux, W., Die Selbstregulation ein charakteristisches und nicht notwendig vitalistisches Vermögen aller Lebewesen. Nova acta, Abhandl. d. Leop. Carol. Acad. Halle. 1914. M. 5.—.

k. — Hat die· Betriebsseele das Vermögen zu direkten Gestaltungswirkungen? Gibt es eine besondere Gcstaltungsseele? Arch. f. Psychiatrie und Nervenkrankheiten. Bd. 59. 1918.

80. Schultz, E., Über die Regeneration von Spinnenfüßen. Trav. Soc. Nat. St. Petersburg. Vol. 29. 1898.

81. — Über umkehrbare Entwicklungsprozesse und ihre Bedeutung für eine Theorie der Vererbung. Vortr. u. Aufs. üb. E.-M. Heft 4. 1908.

82. Schultze, O., Die künstliche Erzeugung von Doppelbildungen bei Froschlarven mit Hilfe abnormer Gravitationswirkung. Arch. f. Entw.-Mech. Bd. 1. 1895.

83. Semon, R., Beweise für die Vererbung erworbener Eigenschaften. Ein Beitrag zur Kritik der Keimplasmatheorie. Arch. f. Rassen- u. Ges.-Biologie. 4. Jahrg. 1907.

84. — Der Stand der Frage nach der Vererbung erworbener Eigenschaften. Fortschr. d. naturwiss. Forsch. Abderhalden. Bd. 2. 1910.

85. — Die Mneme als erhaltendes Prinzip im Wechsel des organischen Geschehens. Leipzig 1911.

86. — Die Fußsohle des Menschen. Eine Studie über die unmittelbare und die erbliche Wirkung der Funktion. Arch. f. mikr. Anat. Bd. 82. 1913.

87. Spemann, H., Entwicklungsphysiologische Studien am *Triton*-Ei. I, II u. III. Arch. f. Entw.-Mech. Bd. 12, 15 u. 16. 1901—1903.

88. Spencer, H., Principles of Biology. 1864—67.

89. Standfuß, M., Die Resultate 30jähriger Experimente usw. Verh. Schweiz. naturforsch. Ges. Luzern 1905.

90. Stevens, N. M., The Effect of Ultra-Violett Light upon the developing Egg of *Ascaris megalocephala*. Arch. f. Entw.-Mech. Bd. 27. 1909.

91. Tower, W. L., An investigation of evolution in Chrysomelid Beetles of the genus *Leptinotarsa*. Carnegie Inst. Wash. Publ. 48. 1906.

92. Wasmann, E., Instinkt und Intelligenz im Tierreiche. Ein kritischer Beitrag zur modernen Tierpsychologie. Freiburg 1905.

93. Weismann, A., Das Keimplasma. Eine Theorie der Vererbung. Jena 1892.

94. — Vorträge über Deszendenztheorie. Jena 1913.

95. Wilson, E. B., Experimental Studies on germinal Localisation. II. Experiments on the Cleavage Mosaic in *Patella* und *Dentalium*. Journ. Exp. Zool. Vol. 1. 1904.

96. Ziegler, H. E., Experimentelle Studien über die Zellteilung. III. Die Furchungszellen von *Beroë ovata*. Arch. f. Entw.-Mech. Bd. 7. 1898.